国家级非物质文化遗产

中国印泥

鲁庵印泥手作技艺

符骥良　著
符中贤　整理

上海书画出版社

鲁庵印泥

一代大家张鲁庵的『鲁庵印泥』科研史（代序）

站在篆刻界的立场，讨论印石印材、印泥、刻刀、印床、连史纸、拓包、棕老虎等，似乎是与明清以来文人流派篆刻之吟风弄月的氛围相去千里。在上举各项中，只有印石、印材直接与印章作为艺术品的实物呈现，并和收藏有关，而印泥则与印蜕即钤朱成谱的视觉艺术效果有关。除此之外，刀、纸、床架、拓具等工具的优劣高下，都是工匠在生产过程中对技术保障的要求而已，与作为结果的篆刻创作与审美，似乎没有直接的决定性关系。

故而，我们一般会把“印泥”仅仅看作是一种“过程元素”的存在。达到目标了，过程的优劣高下讲究，似乎就不那么重要了。大部分篆刻家们对印泥是持一种“用”的态度：能用、合用即可，至于它本来应该是什么样的，怎么才是最好的，用什么方式才能达到最好……篆刻艺术家们并不关心。合则用之，不合则弃之，如此而已。

一

正是在这样的大背景下看张鲁庵先生，才能发现他作为富家子对篆刻艺术义无反顾、不惜代价的投入，和对印学（包括印作、印谱、印泥、印组织等）的可爱、可敬、可贵的痴迷之情。

关于张鲁庵的生平事迹，已成当代印史上的常识。择略言之：

1）富家子之外的还是名门之后。拜师赵叔孺这位大师巨擘，使张鲁庵眼光极高，任一目标设定，必是天花板级的。

2）张鲁庵的毕生成就，首在于古印谱收藏鉴定。尽毕生精力所聚，在1962年捐赠给西泠印社四百多部印谱，海内无人可以望其项背。又捐古印章1525方，堪称大手笔。这些都是耳熟能详的当代印史典故，不赘。

3）张鲁庵工篆刻，可是赵叔孺门下名将如云，他不算最杰出者。但他多出妙招绝手，奇思异想；最著名、最独特者为1943年完成的《鲁庵仿完白山人印谱》。收集邓石如传世61方作品，全部摹刻一过，裒为一谱。这种以身为继承者既集佚亡为后世存真、又体现一家一派的“专攻”“专题”姿态，在当时印坛上绝无仅有。

4）1955年，张鲁庵于西泠印社尚处停滞之际，牵头在上海组织“中国金石篆刻研究社”并任筹备会主任，以张氏居所为聚集场地。至1957年，该组织已获当时全国著名篆刻家109人加盟。

5）“鲁庵印泥”，是一个当时篆刻家群体中独一无二的戛戛独造和“一意孤行”，这样刻骨铭心的钻研，非张鲁庵者不能有。这一点，是我撰此序的重点之重点。篆刻、名门、印谱、仿古、印藏、印会组织（篆刻社）、印泥……掩卷长思：脑子里浮现出一个本来模糊的、然而越来越高大的形象——伟大的、又生不逢时的印痴张鲁庵。

二

平心而论，“鲁庵印泥”在当时的市场知名度远远不如“潜泉印泥”（西泠印泥）、和漳州“八宝印泥”、苏州“姜思序堂印泥”等，这是因为以张鲁庵的思维方式，他似乎一直处在印泥制作的“科研”实验的精神状态中，没有特别希望自己的试验结果能尽快转换成商品而投向市场赚钱。他的各种行为中，还是可以看出明显的世家公子（不缺财富）和注重探险、寻觅乐趣的士大夫超脱功利的心态——不嫌繁难、反复多次又不计算利益，固然是使“鲁庵印泥”的商业品牌传播不广、社会影响力有限，但这种罕见的“科研”式作派却使它成为民国印泥业界的一面旗帜。它改进了同一脉络的“潜泉印泥”的某些特点，又创立了后来的“西泠印泥”“式熊印泥”的基本构成样式；从而以科学实验研究的充沛投入，成为近现代印泥界“一枝独秀”“一帜成军”的无可替代的存在。

鲁庵自己对“鲁庵印泥”有着满满的自信。他自己以新制“鲁庵印泥”亲手钤拓的有：

一，《仿完白山人印谱》上下二册，自刻自钤。

二，《二弩精舍印谱》（赵叔孺）。

三，《鲁庵印选》望云草堂藏印集。

四，《秦汉小私印》望云草堂藏印集。

而由“鲁庵印泥”钤拓（未必本人拓）则还有《钟矞申印谱》《金罍印摭》《退庵印记》《松窗遗印》《何雪渔印谱》，当代的有《鲁迅笔名印谱》《田叔达刻毛主席诗词印谱》《西泠胜迹印谱》《瞿秋白笔名印谱》《君匋印存一二集》《黄牧甫印谱》。

当时以“中国金石篆刻研究社”名义赠送国家有关文化机构的印谱，和参加全国各地篆刻展览的印屏、印谱钤拓，皆拜“鲁庵印泥”之所赐也。

制作印泥的秘诀，其实也是在不断修正路径、挑战已有经典中步步登高的。比如，历来书画用印或印谱钤拓时，皆取“印文厚实均匀”。就如我也一直以印泥钤“厚”、有立体感为上。符骥良先生（张鲁庵助手）曾言，当时沈尹默先生求“鲁庵印泥”也是求其厚，且越浓厚越好。但当时鲁庵回应印泥应以所钤印文薄而均匀、千印万印丝毫不改（为佳），即钤印数十乃至上百次印文线条不走样不粘蚀为上。这样的高难度近乎“自虐”。而且实际使用时意义也仅限于极少数场合而大多数人并不关心计较，但它正是表现出张鲁庵“印泥”科研思维不惜代价精益求精的一贯的作风。“鲁庵印泥”的前身，是1935年制成的“四九印泥”。初制时油、朱、艾三者比例配置反复，一直未见妥帖，鲁庵自言试至第49次才大功告成，遂名“四九印泥”，自有评价曰“色泽美丽，艾绒尚可减少，油亦可略为减少”。其后不甘止步，又于1943、1953年两度调和，并于印泥缸盖内面作注曰：“四九印泥，为一九四三年所制，至一九五八年二月检视，并无变化。且柔腻□□，可作标准。”据符骥良先生云，直到1966年仍一切安好并无变色、变稀、黏度变化之虞。一款印泥制作，历时三十多年的观察研究反复验证，力臻最佳境界，当时一般印泥生产商家，何以有此耐心耐力？

三

张鲁庵的成功，其实还得力于他上天眷顾的“富家子”背景。

张鲁庵为慈溪世家大族公子，祖上世代经营药业，近代杭州六大国药铺之“张同泰药行”，以及后期拓展经营，在上海开办的“益元参行”，皆是鲁庵父辈创下的基业。

中医中药行业重药方。记得二十年前有一段令人遗憾又必须记录的往事：张鲁庵身边最亲近的助手、秘书加传人、篆刻名家高式熊先生，在2002年西泠印社百年大庆时曾叮嘱我说，“鲁庵印泥”有一秘方，如西泠需要，愿意无偿捐出。其后主事者可能未在意印泥居然还有“方子”且不知其价值，又值当时生产商贸归属在产业公司不在社团，遂至搁置日久。高老有点生气，而我也觉得愧对老先生的一腔热情。

但当时连我也十分诧异，印泥之作向来是匠人经验积累，增多减少，全凭感觉调节，例无常规。何以有此“药方”式的“印泥配方”而且还是私传的“秘方”？

联想到张同泰国药铺的氛围和“少东家”张鲁庵的从小在望闻问切中耳濡目染，才理解他对“鲁庵印泥”之配方的特殊重视。没有著名大药铺的成长背景，他未必会去不断记录修改这张“鲁庵印泥”的配方，从而留下了一份珍贵的文化遗产以至其他如“漳州八宝印泥”“苏州姜思序堂印泥”“潜泉印泥”等所不及——其实其他印泥品牌它们本来既是名闻遐迩，肯定也有独特的油、朱、艾配置比例标准和操作记录。但它们一般多是视作工序制作规则的依据，而张鲁庵对它却是作为科研记录长期不断进行验证和调整修改。更加之，普通印泥制作工匠大抵是从印泥到印泥，而张鲁庵则是从“中药方子”到“印泥方子”，其间有着简单与复杂、实际与理念、被动的就事论事与抽象规律的提炼调节，视它为应用技艺与视它为“印文化”的有机一环，还有，以有助于商品售卖赚钱牟利为目标还是以某一领域探索的登峰造极为目标等一系列的区别。

就“鲁庵印泥”而言，专事中药的家族背景，是张鲁庵之所以为张鲁庵的又一关键所在。

四

一个知名篆刻家。

一个印谱收藏大家。

一个印学社团的参与者和组织者（西泠印社与中国金石篆刻研究社）。

一个置一生于印学不计功利得失的“士大夫”。

最后，是一个印泥制作（本是工匠小道又是印学大学问中最附属最末技）的“科研家”。

这就是我作为后辈对张鲁庵先生和“鲁庵印泥”的认识。

谨以此文，献给张鲁庵先生的两位传人：符骥良先生、高式熊先生。

陈振濂

2023 年 4 月

目录

鲁庵印泥

中国印泥小史

印泥，又称印色，是一种载体涂料，以红色为大宗。人们使用印章，必须用印章在印泥上轻轻扑打，使印泥中颜料和油剂的混合物转移到印面上，然后把印章在纸帛上轻重适度地钤盖，才能显露出印章的印纹。印泥在我国是不可或缺的日常用品中的小商品，但它曾经也是整个社会和谐运转“不可无此君”的媒介物，举凡民间的票据、证书、约定、合同，国家的命令、通告、法律文书，都必须盖上红色的印章才能生效。因此没有印泥作媒介，社会和谐运转将是不可思议的。印泥的使用，又传承了我国诸多历史文化。在很多书籍、书法、篆刻、绘画上，用印泥钤盖的红色印记，透露出他们经过的年代，证明为哪些人所藏，是谁的创作，以及其他珍贵的信息。因此看似小小商品的印泥，却蕴涵着不小的文化传承作用。

印泥的品种很多，这与所用的载体、颜料、油剂有密切的关系。例如办公用的印泥，所用的载体有海绵、泡沫塑胶、棉花、丝绵、尼龙丝等，所用的颜料大多是人工合成的颜料，所用的油剂或其他制剂也不经过精加工。用这种印泥钤盖以后的文件有它的保存年限，如银行传票，一般保存数十年。随着传票上所钤的印纹发生模糊不清或褪色，证件也失效了。至于钤盖的印纹其色彩如何，厚实与否，着色力、遮盖率、黏结力、清晰度怎样，就不那么讲究了。而本书阐述的高级优质印泥所用的载体主要是优质艾绒，所用的颜料多是天然矿物颜料，如朱砂，或无机合成颜料；所用的油剂主要是不干燥性或微干燥性的，而且经过精细加工而成；用这种原材料制成的印泥才可历久不变，色彩艳丽，钤盖在文件、书籍、信件、书画上，观感壮重厚实而深沉，保存久远。

1949 年，中华人民共和国成立，毛泽东主席要颁发很多委任状，签署大量行政命令。这些都是具有权威性、历史性的重要文件，如果采用一般的印泥，所钤出的印纹肯定疲惫露底、色彩无神，也经不起历史的考验。毛泽东主席的秘书田家英平时工作踏实、谨慎、十分节俭，但为了给主席买印泥，骑自行车走遍整个北京的古玩文物店肆，像觅宝似的，好容易出高价买到了仅见的一匣从清宫流出的印泥。毛主席一见这匣印泥就非常喜欢，一直用了多年，色彩依然艳丽夺目，可知高级印泥的珍贵。

我国使用印泥的历史，要追溯到祖先使用竹、木简牍的时代（图1）。

那时纸张尚未发明，所用公文、信札、记事等，都用一定规格的竹片或木片来书写或镌刻，再用绳索把竹片、木片依书刻次序串连捆缚起来，再用一块挖有槽孔的“检木”把绳索的两头穿过槽孔打结，然后加一丸用多种物质配制的润湿黏土（即古书上所说的紫泥、金泥）紧压粘贴于绳结上，把印章在黏土上用力一按，印纹就显现在黏土上，干燥后便成为固体，这样就能起到防止私拆，以保信用或秘密。那时封发物件也用这个方法。后来使用的火漆印就源于此。

这种盖有印纹的黏土，实质上是名副其实的“印泥”。现在我们把出土的这种盖有印纹的干泥块，称为“封泥”或“泥封”。

竹木简牍太笨重了，有句成语叫“学富五车”，就是指通读了五车用竹木片写成的文章，用现在的纸质印刷书本来看，也不过数十本而已，可见古人读书是非常吃力和困难的。随着生产、文化的发展，纺织品的普及和纸张的发明，出现了印刷术，才让纸张逐渐代替了竹木简牍。我们的祖先是十分聪明的，代表信用的印章没有因竹木简牍的淘汰而废弃，而是改变了使用印章的方法——“濡朱”于纺织品或纸张上。这是划时代的变革，是值得一书的先进技术创新，并为后来产生油朱印泥开了先河。

所谓“濡朱”，就是把红色颜料与水蜜之类的黏液调和后，

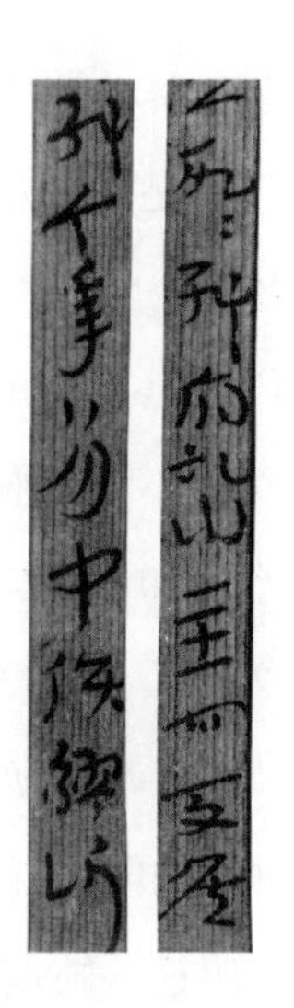

图 1

涂在印章上，随之盖在纺织品或纸张上。这种钤盖的印纹，后来有人称之为“水印”。“水印”，一说是用颜料和水调和后上印，钤盖在纸帛上的印纹，这是很荒谬的。因为这种盖在纸帛上的印纹，干燥后因无黏结力、附着力而脱落，只有加入适量的胶或有黏结力的物质，才能黏结附着于纸帛上，所以还是用“濡朱”的名称为确切。“濡朱”用的红色液体叫“印色”。“印色”的称谓延续了很久。直到清康熙年间，福建漳州开了第一家专制印色的商肆“魏丽华斋”，还是把印泥叫作“印色”，如“八宝印色”。把“印色”改称为“印泥”，是以后的事情了。

事实上“印色”和“印泥”是两个不同的概念：“印色”

是指钤印用的红色液体，它必须加入载体如丝、棉等纤维后才能使用。“印泥”则是用颜料、油剂、艾绒等原材料充分混合有如面团般的混合物。

油朱印色的产生是在使用过程中形成的，“濡朱”改变了印章的使用方法。但不管用胶水还是水蜜调制“濡朱”都有很大的缺点：用胶水的印色，钤盖在纸帛上，干燥后经磨损，印纹会剥落而不能久存。用水蜜的印色，因蜜含糖分，印纹会发生渗延，日久后模糊一片，亦失去信证的价值。人们在实践中发现只有用油料来做印色，利用油料的黏结（附着性）和不易干燥的特点才可克服这些缺点。

油制印色的使用始于何时，史籍上没有确切的记载，以往有三种说法。有说在五代时已有之，也有说晚至北宋宣和年间才有之，还有说油制印色当与刻书之雕版术同时产生。上海著名的装裱大师严桂荣氏在重装《唐摹王羲之上虞帖》时，于帖上漂洗出一方“内合同印”油朱印文。

“内合同印”，书画著录有记载，系南唐印记，这是可贵的油朱印色的实物证据，证明我国使用油朱印色不晚于南唐（937—975）年间，这同“五代（907—959）时已有之”的说法是相符的。而“宣和说”则晚了些，至于“当与刻书之雕版术同时产生”的说法似不可靠，因为那时是用碳素的水胶混合物印刷的，至今还未发现当时用油墨印刷的书。

印泥制造概要

鲁庵印泥

历代厂肆述略

在北宋徽宗朝著录的存世书画作品上，我们可以看到很多钤盖的印章，虽遮盖力略显不足，有些露底——这也许是受到历代装裱和反复卷折所形成,但至今依旧红艳悦目。古籍记载“言印色者必本于宣和，犹之于言墨者必本于易水”，以宣和印色比之易水之墨，可知北宋之印色制作在质量上已达到很高的程度。可是这种印色是怎样配制的？除了红色的朱砂外，用的是什么油料？有否用纤维物质作载体或还有其他的原材料？史籍尚未见到载录，更没有见到宣和的印色是由谁来制作的记载。我们可以猜测，在中国漫长的自给自足的封建社会中，印色作为一种为少数人使用的特殊的物质，极有可能为王宫权贵文人墨客自己制作、自己使用。或由“工匠”来制作，正如古代的印章没有留下作者的姓名一样。直到近代，才陆续有了一些关

图 2

于这些“工匠”的记载。

福建漳州开设的魏丽华斋商肆专门制作印色（图 2），以供金石书画家之需，质量极佳，价格昂贵，后来有了很大的发展，但其配制的方法、原材料的精制，都是手工技艺，被商号视为“枕中秘”，只传子孙。它生产的“八宝印泥”（图 3）名闻遐迩，畅销中外。

“八宝印泥”的创制，别开生面且富传奇性。据传，清康熙十二年（1673），有一家沅丰药店，用贵重药材制造“八宝药膏”，专治外伤，远近闻名。老板魏长安对书画有研究和偏好。有一天他偶然用印章蘸了八宝药膏钤印，发现效果颇佳，于是在此基础上研究，制造出红色印泥，名曰“八宝印色”。之后，沅丰药店便将其发展成专制印色发售，生意兴隆。至今漳州民间尚流传着八宝印色可治刀伤、灼伤、疯犬咬伤，有生肌拔毒之功效，与“八

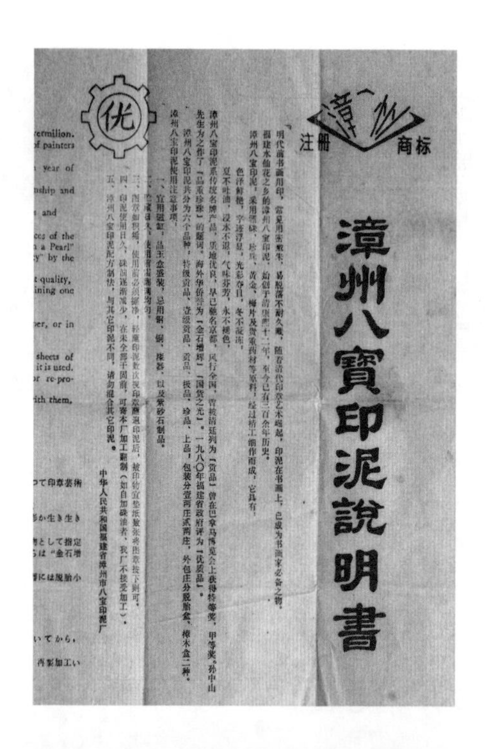

漳州八寶印泥說明書

注册 商标

明代前书画用印，常见用蜜敷朱，易脱落不耐久藏，随着清代印章艺术崛起，印泥在书画上，已成为书画家必备之物。福建水仙花之乡的漳州八宝印泥，始创于清康熙十二年，至今已有三百余年历史。

漳州八宝印泥，采用朱砂、珍珠、黄金、梅片及贵重药材等原料，经过精工细作而成，它具有：

色泽鲜艳，字迹浮显，光彩夺目，冬不凝冻，夏不吐油，浸水不退，气味芬芳，永不褪色。

漳州八宝印泥系传统名牌产品，质地优良，早已驰名京都，风行全国，曾被清廷列为「贡品」，曾在巴拿马博览会上获得特等奖，甲等奖。孙中山先生为之作了「品重珍珠」的题词。海外华侨誉为「金石增辉」「国货之光」。一九八〇年福建省政府评为「优质品」。

漳州八宝印泥共分为六个品种：特级贡品、壹级贡品、贡品、拔品、珍品、上品，包装分壹两庄贰两庄，外包庄分脱胎盒、樟木盒二种。

漳州八宝印泥使用注意事项：

一、宜用磁缸，晶玉盒盛装，忌用铜、铁、漆器，以及紫砂石制品。

二、已藏日久，使用前需搅调均匀。

三、图章如积垢，使用前必须擦净，轻蘸印泥数次视印章蘸遍印泥后，被印物宜垫纸数张将图章按下则可。

四、印泥使用日久，硃油逐渐减少，在未全部干固前，可寄本厂加工翻制（如自加硃油者，我厂不接受加工）。

五、漳州八宝印泥配方制法，与其它印泥不同，请勿混合其它印泥。

中华人民共和国福建省漳州市八宝印泥厂

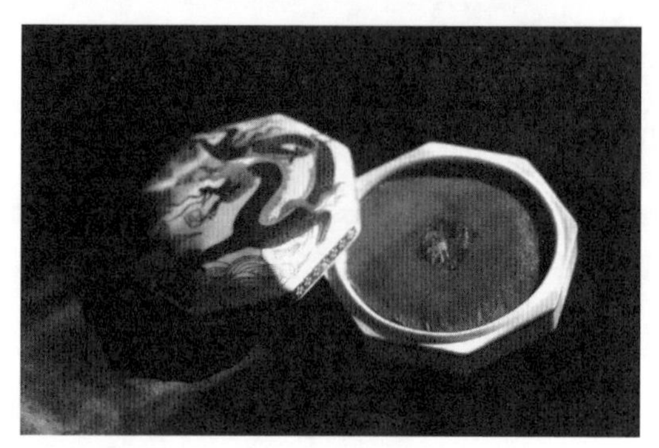

图 3

宝药膏”混为一谈了。记载说“八宝印色”是采用朱磦、金箔、珍珠、梅片等八种原材料制成的，有说是用珍珠、玛瑙、金箔、珊瑚、琥珀、银箔、红宝石、朱砂制成。它有色泽鲜艳、永不褪色、浸水不化、火烧无痕、冬不凝冻、夏不吐油、气味芬芳、光彩夺目八大优点。后来，地方官员以此进贡清廷，成为贡品。魏丽华斋共生产六个品种：特级贡品、一级贡品、贡品、极品、珍品、上品。民国时，“八宝印泥”曾获得巴拿马国际博览会金质奖章。孙中山先生曾为之题“品重珍珠”四字。“抗战”胜利后，它又曾作为国礼赠送给美国总统罗斯福。

20 世纪初，杭州西泠印社成立，作为该社创始人之一的吴潜泉在上海成立西泠印社总发行所，除经销篆刻材料如印谱、刻刀、印床、纸品等外，吴氏又“折中古法，参互心得”，创制潜泉印泥五种（图 4）：特种八宝炼金精选真美丽红印泥、甲种八宝真美丽红印泥、乙种镜面朱砂印泥、丙种朱砂印泥、丁种朱磦印泥。它的广告词是：“细腻浓厚、沉着鲜明、阅时愈久、光艳有加，冬无凝冻之病，夏少透油之患，且调剂燥湿得宜，虽印文之精密者，亦毫无浸漶不清之弊。”

后来，杭州西泠印社也制造印泥，生产九个品种。它们是超级朱砂印泥、超级金碧印泥、特级朱磦印泥、高级榴花印泥、高级牡丹印泥、八宝清芬印泥、超级丹顶印泥、极品缨绶印泥、高级金桂印泥。它的广告语是：“选料精良，制法讲究，色泽

潛泉印泥

潛泉吳君折衷古法參互心得發明印泥五種細膩濃厚沉着鮮明閱時愈久光豔有加冬無凝凍之病夏尠透油之患且調劑盡善燥濕得宜雖印文至精密者亦毫無漫漶不清之弊蓋書畫家及鑑藏家所必需者也價目列下

特種八寶煉金精選真美麗紅印泥每兩十六元外埠加郵費二角省還加倍

甲種八寶真美麗紅印泥每兩十元外埠加郵費二角

乙種鏡面硃砂印泥每兩六元外埠加郵費二角

丙種硃砂印泥每兩四元外埠加郵費二角

丁種硃磦印泥每兩二元外埠加郵費二角

注意　近來假冒者甚多故自十一年六月起一概不作寄售如蒙　賜顧請直接向敝社或杭州西湖西泠印社　惠購是荷

總發行所上海寧波路浙江路口渭水坊西泠印社　電話一六三一二號

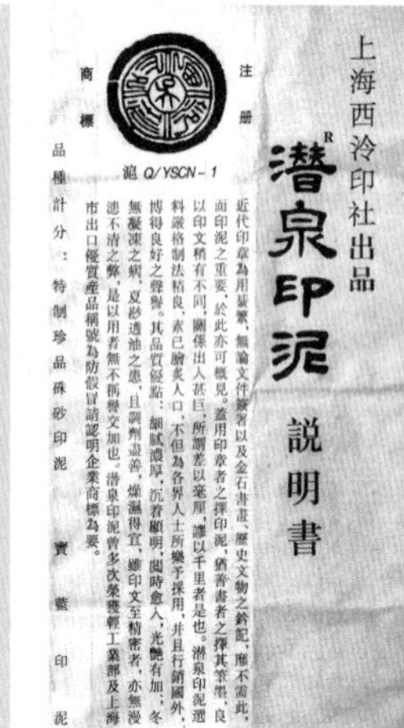

上海西泠印社出品

潛泉印泥 説明書

注冊 商標

滬Q/YSCN－1

近代印章為用綦繁，無論文件簽署以及金石書畫、歷史文物之鈐記，靡不需此，而印泥之重要，於此亦可概見。蓋用印章者之擇印泥，猶善書者之擇其筆墨，良以印文稍有不同，關係出入甚巨，所謂差以毫厘，謬以千里者是也。潛泉印泥選料嚴格制法精良，素已膾炙人口，不但為各界人士所樂予採用，并且行銷國外，博得良好之聲譽。其品質優點：細膩濃厚，沉着顯明，閱時愈久，光艷有加；冬無凝凍之病，夏尠透油之患，且調劑盡善，燥濕得宜，雖印文至精密者，亦無漫漶不清之弊，是以用者無不稱譽交加也。潛泉印泥曾多次榮獲輕工業部及上海市出口優質產品稱號為防假冒請認明企業商標為要。

品種計分：特制珍品硃砂印泥　寶藍印泥

图 4

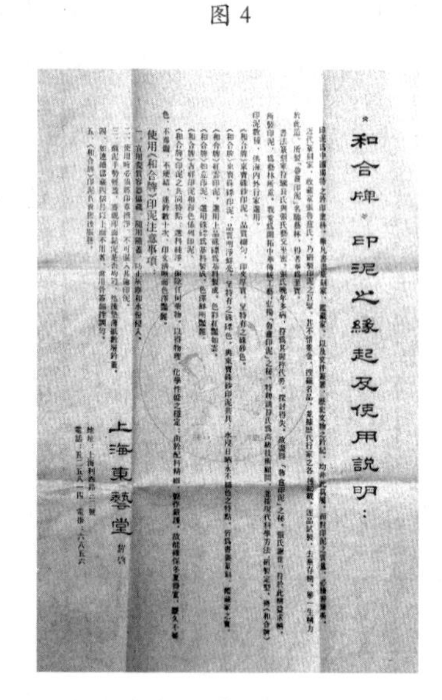

图 5

鲜艳古雅，历久不变，质地细腻，不渗透，不凝冻，行销全球，誉满中外。”

苏州市姜思序堂是生产块状和粉状国画颜料以及五色印泥的著名厂肆，它的创始人是清代进士姜图香之后裔。姜氏是画家，所用多种颜料原本自制自用自足，也不吝赠送友人（或与友人相互交换）。后来求者太多，应接不暇，不得不酌收一定费用。姜思序堂起初只是家庭作坊生产，以应付日益增多的需求，到乾隆年间，才开始在苏州阊门内都亭桥设立铺面，发售国画用品。因其先祖曾颜其居为“思序堂”，故即以“姜思序堂”命名其制。至于姜思序堂生产印泥还是民国时的事情。它的注册商标是“古塔牌”。1949 年后，经过好几年的探索努力，姜思序堂制造出了朱砂印泥、朱磦印泥、黛赭印泥、藏蓝印泥、象牙黑印泥，统称为“五色印泥”。广告词说它的印泥具有“沉着显明，不嵌印章，经久不变，多裱不脱”的特点。

其他如北京荣宝斋、一得阁等亦制有印泥出售，多作为副营，规模不大。

值得一提的是改革开放以后，1987 年，上海市旅游服务公司和上海市长宁美术工厂合办了一家东艺堂美术用品公司（图 5），主营印泥，进行规模生产，所生产的“和合牌”印泥行销东南亚、日本和美国。“东艺堂”实际上是“鲁庵印泥”批量生产的雏形，从原料选用到最后成品，基本按“鲁庵印泥”法的工艺流程所制成，产品有较高的水平。它的广告词是："为开拓中华传统工艺，弘扬鲁庵印泥之秘，选料纯净，摒弃任何药物，以得物理、化学性能之稳定，由于配料精细、制作严谨，故能确保冬夏得宜，色泽艳丽，历久不褪色、不霉烂、不硬结，印文厚实，连钤数十次清晰不变。"和合牌共五个品种：朱砂印泥、朱磦印泥、红云印泥、如意印泥、吉祥印泥。

以上商肆所制印泥，都有各自的工艺流程，其情况和数据都属于各自的保密范围，对外从不公开。

名家制泥之法

除以上几种印泥，为我国商业制造之外，历史上还有不少金石书画篆刻家自己研制印泥供自己使用，积累了丰富而宝贵的经验。可惜这些经验有的失传，有的只在书籍上没有系统地记录。新安汪镐京著有《红术轩紫泥法》（图 6）和仁和叶尔宽来旬甫编辑的《摹印传灯》（图 7）对研制印泥论之甚详，是研制印泥的一家之言。

《红术轩紫泥法》载：

> 世之言印色者必本于宣和，犹之乎言墨者本于易水也。易水之法，予向得之；宣和之秘，未之闻也。盖诸书所载及博雅家所藏之方，俱详于制油而略于砂与艾也。且其说又各不一……

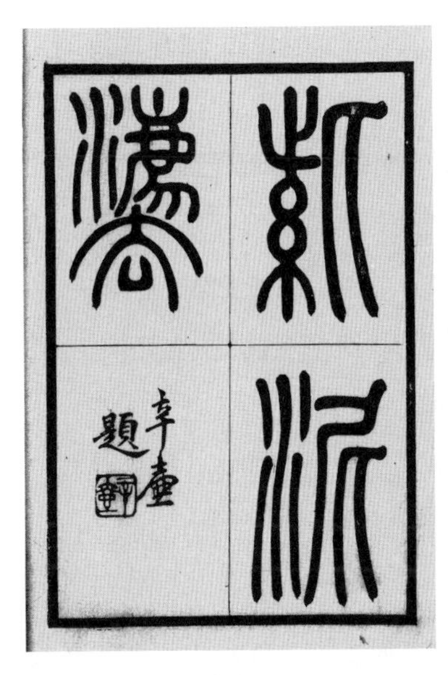

图 6

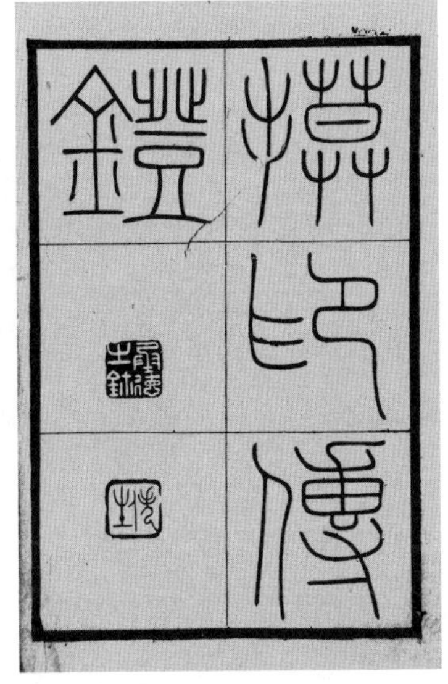

图 7

汪镐京坐红术轩中，经之营之，将及一年始制成。其妙处全在染砂、染艾、晒油三法，恐年久不能如初制者，即把具体情况书于小笺并用印泥把印蜕留于笺上，过十七年观之，印蜕艳丽不减，顿释前疑，将经验定稿成帙曰《红术轩紫泥法》，可补宣和之秘。

此法之首为“染砂法”，即如何处理朱砂：漂净朱砂四两，用北京金华胭脂十片，以天泉浸取其色水，拌朱砂晒干为度。

其二为“红艾法”，即如何处理艾绒：艾绒一两，用红花膏子一碗，浸艾晒干，膏既尽，艾绒如未大红，加膏再浸晒，必如红宝石色为度。

其三为“晒油法”，即如何处理油料：蓖麻子油二十四两、白及五钱、苍术二钱、川附子二钱、肉果一钱、干姜二钱、川椒三钱、金毛狗脊二钱、信（信石）一钱、斑蝥七个、皂角一钱，同入砂锅熬至滴水成珠，去渣，再加白矾末三钱、无名异末三分，共入瓷钵晒，以油晒至十六两为度。

其四为 “合印色法”，即最后如何做成印色：制砂一两，制油二钱四分，放入乳钵，乳至油不浮、砂不沉，再加制艾五分，乳三百匝为度。

汪镐京最后说：制就之印色，如要携之外出，须换装在长瓷罐内，以防沁油，再加一锡套，才万无一失。在《辟谬》中说：有人主张在印色中加珊瑚粉以献红光，或加金箔以增金碧辉煌，更有加石青，令印色发紫艳者，均是谬论，博雅君子幸不受其欺。

《摹印传灯》（卷下）载刻印工具及研制印色之法。在《做印色法》中载：“今坊中所卖之印色不失之于太绵即失之于油重，竟无好者，虽漳州之八宝印色亦然。余家传制印色法，录之以俟同志。”现将其研制印色之概要述于下：

取朱砂法：须拣光明莹微者为佳。色紫不染纸者为旧坑砂，为上品；色鲜而染纸者为新坑砂，为次。

·

乳朱砂法：朱砂在药碾中碾过，用细筛筛过，粗者再碾、再筛，把筛过之朱砂放入乳钵中用同一方向乳至极细，再加入火酒同乳至无声。晒干后倒入清水中，将浮者取出，沉底的再乳，直至朱砂漂净，晒干为度。

飞银朱法：以漳州汞炼者为上，取泉水涤之。去其上面浮油晒干为度。不可把朱砂、银朱合用，如用之久必变黑。

染砂法：朱砂四两，胭脂十张，以河水浸红拌朱砂晒干待用。

理艾法：产汤阴者叫北艾，产四明者叫海艾，产苏州者叫苏艾。晒干去其梗蒂，筛去屑灰。用棕做成棕棚，把艾在上面擦搓，然后放入麻囊中在水中淘之，再在砂器中沸水煮之，经多次，以水色洁白为度。晒干，再用小弓弹之，搓之，不留黑心为止。用红膏子染红待用。

理木棉法：产于粤东者最佳，用小弓弹松，沸水煮过，晒干。

理灯芯法：用灯芯草放入粳米浆染之晒干，研成末子。

理竹茹法：用上好水荆竹磨之，使极软，用弓弹去筋。余家只有艾及灯芯，灯芯草制印色能高出纸也。

制油秘传：印色用油有四种，即茶油、蓖麻油、芝麻油、菜油，以茶油为第一，蓖麻油次，芝麻油、菜油不入品。茶油一两，用黄蜡三分煎去水分；蓖麻油二十两，用白及四钱、苍术一钱八分、川附二钱四分、肉果八分、干姜一钱八分、川椒二钱、狗脊一钱八分、砒石八分、皂角一钱，斑蝥六个，放于砂器煎水成珠去渣，再加白矾二钱四分、无名异末二分四厘。

在“论药性”中说：油性必须以药物治之。使油干燥，就用苍术之类；使油不变黑则用白及之类；使油稠厚而不渗则用黄蜡或白蜡；使油在冬天不冻则用胡椒之类。

在“晒油法”中说，用玻璃瓶盛油挂于屋梁上，任以风吹日晒，过三年亦可用。此只可用于茶油和蓖麻油。

在“配合法”中说，朱砂一两，制油三钱，在乳钵内乳至油朱融之完全混合。然后以艾加入，乳至均匀，再用竹片搅之千百次，愈多愈妙。盛入盒内封固下三十日，再拆封三日一晒、一日一搅。至明年再加朱砂五钱，照前法制之，次年亦如之，则铁线填白印之亦无模糊不清之弊！（按：此法未提加多少艾绒，次年加朱砂时是否要加制油和艾。）

上述两家，对研制印泥都做出了比较系统之论说，阐明了此两家亲躬其事的经验之谈。

尚有明代甘旸，以篆刻闻名，万历年间著《集古印正》（图8）五卷，并附《印章集说》。其中记载“制印色方”，说：“飞净朱砂七钱三分，油二钱，艾七分；欲有光彩，加金箔十张，珊瑚末三分，珍珠末二分，愈久愈红，光彩夺目。”《辨朱砂》

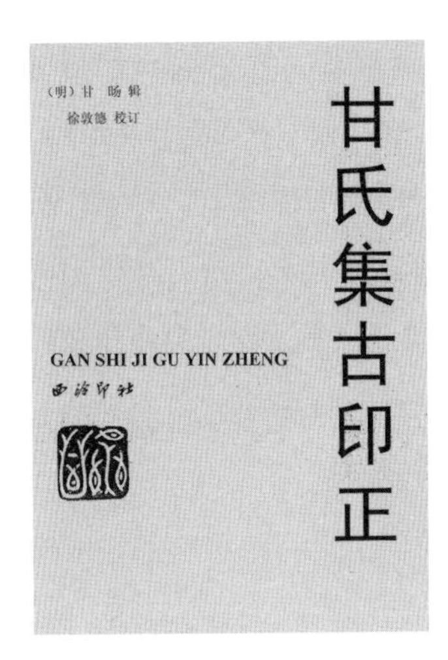

图 8

图 9

中说：朱砂有旧坑、新坑之分。其质量按次序为箭头、劈砂、豆瓣，其他米砂、和尚头者都不宜用。《飞朱砂法》中说：把朱砂用烧酒洗过，晒干放入药碾和擂钵细研，再加入广胶水再碾之极细，用滚水冲之，将浮者倒入瓷盆，存脚再研再冲集于一处，待沉淀，去其黄膘，用清水淘之，直至水清，晒干，去其头脚用之。在《取蓖麻油法》中说：霜降后，采蓖麻子晒干，贮竹器内，到次年梅过炒熟舂碎入榨取油煎用。在《煎油法》中说：蓖麻油五斤，芝麻油一斤，藜芦三两，猪牙皂二两，大附子二两，干姜一两五钱，白蜡五钱，藤黄五钱，桃仁二两，土子一钱，共入器内。以武火数百遍，水干随时增添，继以文火，三日为度。去渣，复以瓷罐盛之，埋地下三日取出，晒一二日，以去水气。

如不用将罐封固，虽百年不坏，最忌灰尘。在《治艾法》中说：艾，必用苏州产，本地叶大者亦可。去其梗蒂，用石灰水浸七日，加碱水少许煮一昼夜，榨去黄水，用水洗净晒干，用木杵石臼舂熟，筛去灰末可用。在《合印色法》中说：光用漂净朱砂加金箔等，入油少许细研，再依次入油，研数千遍，愈多研愈红。如前，数加艾，不干不湿为度，晒五七日更佳。新合者油朱不相混，常用印筋搅拌，二三月后则可用矣。

明代万历徐上达在《印法参同》中说："熬麻油，须俟水尽无烟为候。每油十两，入白蜡二钱，血结二钱，白及三钱，蓖麻子仁不计多少。复熬去渣，至滴水成珠为度。""取苏州艾叶焙干，用手揉捏，渣滓听其自落，揉捏艾棉至软至白。"

清代康熙年间周廷佐在《文雄堂印谱》中说："麻油四两，苍术六分（去潮），白及四钱（不透色），白蜡二分（不透光），黄蜡八分（取厚），胡椒三十粒（不冻），煎一枝香。再得饭锅上日日蒸之更妙。""苏艾不计多少，晒干，皿内杵熟，先在棕棚上擦去粗衣，再以木筛内擦之，黑心尽去，方以袋盛。置砂锅内煮之水清为度。苏艾一斤，得艾绒三钱。家艾一斤，出二钱左右。有用棉花、用灯草，俱不如艾。"

清康熙年间，朱象贤著《印典》（图9）第七卷器用部分对研制印泥有以下记载："《梅庵杂志》：印色旧无良方，近用蓖麻油或茶油置玻璃瓶中三伏时晒之渐稠，愈晒愈妙；朱砂去其及最重者。因黄而脚黑也。不可用银朱，恐日久色变。入龙骨十之一，有八宝粉为佳，否则只用珊瑚粉，其法颇妙。菜油有黄迹，不可用。杨升庵云：近传用穿山甲油，取其不渗，试之良妙。《撷芳录》：以蓖麻油每两入去皮老姜五钱，烈日中曝至三年，乃入朱艾，印于纸上不渗，天寒不冻，最妙法也。艾，苏州者为佳，捡去梗蒂，揉数百度，于光细石臼中舂之，筛净如棉，用泉水于瓦器中煮去黄黑色，晒干备用。”

清乾隆陈目耕著《篆刻针度》（图 10）。其中《制印色》载：制油，以菜油为上。亦有用蓖麻子、茶籽等油，取其系白色，勿晒即可用；但蓖麻子油久必黑，芝麻油性易浮、茶籽油未必不泛黄者，总之莫若菜油。菜油一斤，用香白芷一钱，交趾桂、川椒各二钱，白及三钱，切片入油，置瓦器煎沸数次，去渣置盆内晒烈日中，尽三伏为度，油色变白滴纸上不晕即可。治艾，先拣去粗梗、筛去泥屑，晒燥搓软，用细竹揪松，药磨磨去黑皮，筛去皮屑，如此数次，皮尽为度，然后用小弓弹出叶中之筋，置砂锅内水煎，换水十余次，水色净白乃佳。挤干日晒燥，用小弓弹松再擦，无黑星为度。艾一斤可得艾绒三、四钱。研朱砂法，须择红而有光彩者，用烧酒洗过晒干，入药碾碾细，再入擂钵细研，加广胶水少许再研极细，以水投之擂十余下，将浮者倾于瓷碗，存脚加胶水再如前法，将浮者并在一处，澄定后去其黄膘，以清水淘之，待黄水尽晒干。配合：每朱砂一两，油三钱，艾绒四分。先将朱与油入乳钵细研，必结而复散，至散而复结，以艾绒拌匀，看干湿可加油少许。合银朱印色分量亦同，合就贮瓷器内晒五七日更佳，常以印筋翻动，二三月后朱油相融可用矣。若合八宝印色，可加珊瑚末一钱、珍珠末一分、金箔十张、云母石二分。近有一种洋红，用以配合，其鲜艳更胜于珊瑚，不可不知。

清嘉庆姚晏撰《再续三十五举》，其中第二十举云："净朱砂法"，朱砂以光明莹彻为佳，色紫而不染纸者为旧坑砂，为上品；色鲜而染纸者为新坑砂次之。以辰州砂为最，箭镞砂为上。以药舟碾细，以花瓷再手杵荡之，然后加水，加黄明胶，更研极细，以沸水冲之，再研数十杵，水定，将浮者注入他器，存者再如前法冲漂之，最后将浮于上之黄弃去，晒干待用。"理艾法"，艾产汤阴叫北艾，产四明叫海艾，产苏州叫苏艾。理艾之器曰筛、臼、弓、磨、囊、棚。理艾之事曰揪、搓、淘、煎、杵、弹、擦、挤。理艾之本曰屑、衣、筋、心、梗、蒂。先去梗蒂，筛去泥屑，日晒搓擦，用揪之、臼杵之，以棕棚擦之，以药磨磨之，用绢筛筛之，去衣、去屑；用小弓弹之去筋，以新麻囊盛之，宽口以淘再煎，煎数次至水白净为度。晒干后再用小弓弹筛至无黑星为止。艾一斤得三、四钱。又：用灯心草以米粉浆染后晒干研成末子，印出能高于纸面。其他还有"染砂法""染艾法""制油法""取蓖麻油法"，前面叶尔宽已经录之，基本雷同不再重复。“配合四法”：一法，与叶尔宽雷同；二法，加珊瑚屑一钱，珍珠末一分、金箔十张、云母石二分；三法，漂净银朱十两，朱砂五两，珊瑚粉四钱，玛瑙粉三钱，琥珀、珍珠数分，再加砒石三分，金箔数分，油五钱、再研，晒一日，加艾六钱，白蜡八分，明矾三钱，合后数日用之；四法：只用洋红，色胜于（朱）砂数倍，然不可染朱砂、银朱，使色不明也。

又传录宣和内府印色三种方法：其一，只有珊瑚屑配合，鲜若朝日，历久不变；其二，用蜜调朱（砂），久而色愈鲜明，明（代）内府用宝如此；其三，用穿山甲油，不渗。这都是经验之事。

以上数家之论述，对印泥制作也比较详细，但与前二家之说相互参照，发现有以下几点是大同小异的：

一、关于朱砂之精制，漂净方法基本相同，而且都用胭脂末浸染朱砂。

二、关于艾绒的精制，叶尔宽与姚晏所载内容基本相同，并与其他数家一样用红膏子来浸染艾绒。

三、关于蓖麻油精制，其中七家都用很多种中草药末熬煎，以“改变”油的性质。

四、在配合方面，都载明光用朱砂与油剂充分混合，然后加入艾绒，五家的配合量是朱砂一两，蓖麻油三钱或二钱五分，艾绒除汪镐京和姚晏用五分外，其他几家都未有定量。

近代之孔云白在《篆刻入门》（图11）中《制印色法》云：

制印泥不难，难于得佳制之油。前人多用蓖麻子油，以其不晒即可取用也，然久必变黑。当用菜油为佳。将菜油置于浅盆内，覆以玻璃，不可盖密，使水汽得出。每逢三伏曝晒于烈日中，约二三年，愈久愈妙。使其色白如熬成糖汁。滴纸不晕，则油成矣。

揉艾：取新艾去粗梗，洗之极净，细磨细筛约十余次。黑皮尽，乃盛于麻布袋煮之。到水滴白纸无痕，再晒燥，以白净为度。新艾一斤得二三钱至一两。

研朱：制印泥之朱，有朱砂、朱磦、广磦三种，可随所喜而择之。朱砂色深红，广磦色微黄，朱磦介于二者之间。研朱之法，不过取所备之砂，研之极细。无丝毫粗粒，已堪适用。

配合：研成之朱，入油少许令砂湿，研数千转乃加油，复研数日，日万转。然后入少量艾，逐次加入，逐次研磨。约一月印泥制成矣。唯配合量要适当，否则前功尽弃，挽救莫及矣。每砂一两，配油三钱至三钱五分，艾仅须四五分已足，万不宜多置也。

图 10

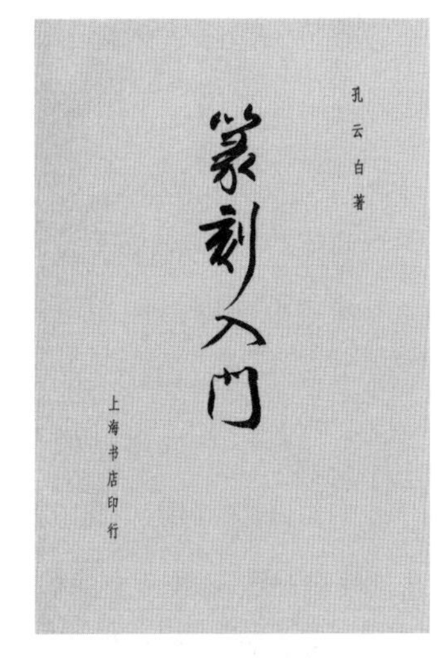

图 11

邓散木《篆刻学》记载：“菜油、蓖麻油、芝麻油、茶籽油皆可制泥；唯蓖麻油久必变色，芝麻油轻易浮，茶籽油薄而易渗，皆不如菜油……菜油一斤，入黄蜡一钱、白蜡三分、砒石少许（蜡性凝，使盛暑不稀，砒性热，使严寒不冻。唯砒石不可多，多必败泥）。入瓦罐内文火熬之，不使大沸，俟熬透，去其浮起之渣滓油末，仍用文火徐徐熬之。约炊许离火，候冷却，去其沉淀之油脚，然后倾于瓷盘中（盘须浅而平，或用玻璃金鱼缸也可）。覆以玻璃，唯不可盖密，使水汽得出。曝之三伏烈日中，晒二三年（愈久愈佳）。俟色白如蜡，质腻如胶，滴纸不晕，则油成矣。旧方有加苍术、白及、胡椒、花椒、皂角、血竭、藤黄、附子、干姜、桃仁、金毛狗脊、斑蝥、无名异等药物者，故神其用，不足置信。

此两家之说，都主张采用菜油，排除蓖麻子油。其理由是蓖麻子油“日久必变色（黑）”，但孔氏又很清楚地告诉人们蓖麻子油“不晒即可使用也”。这说明两个问题：其一，不晒的蓖麻子油与菜油相比，洁净度不差；其二，蓖麻子油的稠度也不比菜油低下。如果差的话，孔氏也不会写上“其不晒也可取用也”。既然可用，那么后来怎会变色呢？孔氏没有进一步研究其原委。其实蓖麻子油如果“日久必变色”有两个原因：一，蓖麻子油没有彻底去除杂质；二，朱料漂洗不纯或艾绒杂质未尽，日久杂质溶入蓖麻油中所致。

近代以来，书画篆刻家自制自用印泥者为数不少，如方节庵氏、徐正庵氏对研制优质印泥都有其宝贵的经验，但都缺乏系统的文字记录和传承关系。在这些人士中，篆刻家、收藏家张鲁庵氏是研制优质印泥的忠诚追随者，他夫人叶宝琴女士说，鲁庵甚至迷恋得废寝忘食，亲躬其事，十多年如一日。

张鲁庵先生是上海著名书画篆刻家赵叔孺的入室弟子。他认为没有优质印泥，很难表达篆刻作品的面貌，尤其对原拓印谱而言更是如此。书法、绘画作品，非上乘的印泥钤盖，不足以流传后世。于是，他发奋下决心研究他理想中的优质印泥。他从1930年开始，动用巨大的财力，聘请化学、物理专家共同把史籍上有关印泥的记载，逐项进行科学分析研究，收集多种印泥分解，定性、定量地得出所用原材料的数据，把许多不科学的、以讹传讹的记载予以纠正。可以说，这是对历来的印泥制作做了一次经过实践的总结，真是功德无量。他一面研究，一面试制，依靠他对药材的知识和有条件在店中选取最佳的红色颜料—朱砂，又请农民种植艾草，并教之如何采摘。同时，他从山东省购买蓖麻子，然后把这三种原材料进行研磨漂飞、搓擦弹治、压榨精制。经过十余年，数百次试制，留下五十三个不同的配方，综合其得失经验，终于得到他所希望得到的优质印泥。其所制“鲁庵印泥”，驰名艺林，得者奉为至宝。

1955年，张鲁庵先生把研究试制之经验心得留下手稿。在《引言》中，他说：调朱涂印，印于纸上，名乃“印泥”，实乃“印色”，调朱用油用蜜，无从稽者。用油制造的方法，在明万历年间始有记载，皆篆刻家自制自用，视为秘传。至清康熙年间，福建漳州魏丽华斋专门制造，书画家皆珍视之。余弱冠不好弄，喜书画篆刻之学，见书画图章印泥鲜艳夺目，托亲戚在魏丽华斋购得两盒，不但颜色鲜艳，亦无凝冻走油之患，思欲仿制，乃根据《篆刻针度》诸家制法，炼油、治艾、研朱，几经寒暑，所制印泥比魏丽华斋稍为相似。1931年，陈灵生化学师同来研究，又有化工专家余雪扬教授多方帮助，使余制造方法更进一步，不足处亦有所改进。兹将经验所得分述于下，以求同好批评。

1955年张鲁庵在《印泥浅说目录》中列出：

颜料：朱砂、银朱、石青、墨煤、赭石、雄黄、雌黄、石黄、铬黄、沉淀色质红色颜料、洗研颜料法。

油剂：古人制印泥记载、蓖麻子油、茶油、菜油、芝麻油，制油法。

说艾：艾、鼠麴草（图12）、制艾法。

说配合：古人配合方法。

杂说。

在《颜料》中，张鲁庵说明各种颜料之名称，物理性能、产地、品质之区别，化学成分。特别指出，只有无机性颜料是制印泥之上品，因为无机性颜料不畏日晒雨露和空气氧化，能历久不变。同时，他也指出沉淀色质红色颜料之特点和不足之处，但作为调色可使印泥色彩相得益彰。在“洗研颜料”方面，采用阿拉伯胶，用冷水漂飞朱砂，免去了沸水冲漂牛皮膏之费时费力费工，并用磁铁去尽朱砂中之铁质。以阿拉伯胶水溶液的定量来测定欲得朱砂粒子的大小，这些都是科学的超越古人的经验。最后记录了马叔平和王福庵用乾隆的朱砂墨制印泥的结果，均微有晶光，后来徐森玉赠他乾隆朱墨，终于试制成印泥，亦有微光。

在《油剂》中，张氏开篇即点出，制印泥用油，最重要的

图 12

条件是永不干燥、凝固点低、油质稠厚、不渗纸、历久不变。在植物油中符合上述条件的是蓖麻子油，次之为茶油。用蓖麻子油所制印泥，经三百年，至今尚有存者。张鲁庵先生存有赵叔孺师在福建时王君所赠之蓖麻子油，此油王君家传已七十余年，赵师藏三十年，1935 年交张鲁庵先生保存，迄今又历二十载，计一百二十余年，油质绝无变化；又王福庵先生赠张鲁庵先生一瓶，为其老友莫润生之曾祖所藏之物，已历二百余年，福庵先生又藏之四十余年，则此油将近三百年矣，其油并无变化，唯觉稠度增高，稍有析蜡，这些油已是实物证明矣！（按：此油转赠于笔者，时 1960 年。）

尚有杏仁油、橄榄油、花生油均为不干燥性油，亦可作印泥用油，且待缓日试验。1953 年秋，张鲁庵先生在北京，马叔平先生嘱他把猪油加入蓖麻子油中制印泥，他回来后即据之试制，觉猪油稍冷即凝如脂，稍热即稀如水，似无可取。动物油者，首推鲸脑油、牛蹄油，皆精密仪器之润滑油，想来可制印泥，但售价奇昂，未试制。又有阿利因纯净油酸，友人说可作印泥用油，曾向科发药房购来试制，结果颇合条件，唯稠度不足，加蜂蜡制成印泥，至今二十余年，颜色、油质毫无变化。

精制蓖麻子油有三种方法，即自然法、化学法、物理法。自然法，将油置瓷盘中，直接晒于烈日，经夏季三伏，使油久露空气氧化，油质变厚，油中的酵素、甘油、硬脂酸分离沉淀，油经日光漂白，三伏后收于玻璃瓶，明年再晒，一般经过三年便可使用。化学法，每多借药力之功，但颇能损害油质。物理法，用此法精制胜过化学法，经张鲁庵先生试验之下，知自然制法中，已多包括物理、化学制法，实为最妥，惜乎经时太长，非短时间所可成就。兹将物理、化学等制法略述于后文（见本书第 85 页起《蓖麻子油的精制》）。

说艾：艾绒为植物纤维素之一种，绒细而软，与朱砂和油剂混合后能成细腻状。艾草随地有产，最佳者福建漳州产，因其纤维特长。以成分而论，举凡植物纤维均为碳氢化合物，如棉花、桑皮、柳絮之类，或因纤维过长易于板结，太粗、太硬则不柔和，太软则结而不散，拉力太大则实而不松，拉力不足又易碎断。历来做印泥皆采用艾绒，已有数百年历史。

艾，又名酱草、黄草、艾蒿，菊科，多年生，高二三尺，叶互生长卵羽状分裂，叶背生灰白色密毛，花淡黄，嫩叶供食用，老叶可制艾绒，以苏州产为胜。

鼠麴草，又名米麴、佛耳草、无心草、香茅、黄蒿、鼠耳。菊科，两年生。按：鼠麴草，即吾乡之艾青，又名棉青，乡人采其嫩叶捣汁做青团，其叶形状香味略似苏艾，余试制艾绒，出绒甚多，纤维长短与漳州产无异。

制艾：艾之成分为纤维素、油脂、蜡质、叶绿素、胶质、水分、灰分，首要除去叶绿素、胶质、油脂，不可损伤纤维，又要颜色洁白、柔软、轻松易与油朱调和，不粘印文，是为提制之要点。

化学制艾法：1931年与化学师陈灵生试验制艾记录（略）。就余制艾经验如下：采艾取其鲜绿，愈近顶端，其绒愈佳，近根者皆不可用。平铺净地曝晒，一日可干燥，先去其梗、蒂、叶脉，入淘米箩中用手搓擦，黄黑色细屑散落，再晒、再擦，直至柔软如棉，纤维成粗线条，但尚有细屑被胶、蜡粘连，用硼砂一两溶于水，艾绒四两一同入锅煮一小时。在箩中用水洗漂多次，如尚有细屑再用硼砂煮洗一次，把碱质除尽，然后把洗清之艾平铺于竹筛晒干，用弹弓如弹棉花一样弹松即可。

说配合：称准分量，大约朱砂一百分、油十八分、艾一分半。理松艾绒，投入朱砂，贮玻瓶中，猛力摇动，使朱艾充分混合，倒入瓷钵，加油少许成半干状，用力捣杵，捣匀后逐渐加油，至柔和软热无丝块状，可以告成。静置瓷缸中约一星期，视其油是否适中，如觉干燥，可加油少许，再捣数十杵。

在“杂说”中，对印泥广告用词之夸大不当、“八宝印泥”之流传误导、种子热榨所生之影响，都有较详论述，并说明蜡之碘化值和油之碘化值对蜡和油之影响。鲁庵先生主张用蜂蜡以调稠油质，列出蜂蜡漂白和油中加蜡的要点等等。在“说颜料”“说油”“说艾”“说配方”中，鲁庵先生分门别类地对古人的记载，逐行逐条根据科学的法则和他自己的实践经验进行甄别，并且将自己长期研制印泥之心得毫无保留地记录在案，这在制造优质印泥的历史上是最宝贵的，堪称前无古人的财富！

以上是多家各自研制印泥的具体情况。

优质印泥质量标准与原料的选择

鲁庵印泥

优质印泥质量标准与原料的选择

印泥看似小，所用的主要原材料也十分简单，仅是油、朱、艾的混合物，但要使这三种原材料相处在一起，发挥各自的性能，在印泥中和谐，给人们使用时得心应手，留下的印迹历久不变，色彩鲜艳夺目，确是一门很“玄”的学问。试看史籍上所载的，把制造印泥视为“枕中秘”，其传承关系严格，可见要求这三种材料在一起恰到好处还真不容易，尤其要制出优质印泥更有难度。综合研究制造印泥的历史和记载，发现它们大都缺少科学根据和分析：只知其然，而不知其所以然，以致因循传抄，以讹传讹。但这不是研制印泥者欠聪明，而是当时生产落后，缺乏相关物理和化学知识，缺乏相关的仪器设备。也无法获得如比重、密度、浓度、浮力、拉力等数据。直到张鲁庵先生，在他锲而不舍的精神和长时期财力的支持下，做出了较有系统的定性定量分析和科学地把原材料进行精加工。随着现代科学技术的进步、完善，依靠精密的测量仪器，锁定这三种原材料的物理和化学数据来制造，将是破解优质印泥配方的最好办法！

优质印泥的使用者，绝大多数是艺术家、鉴赏家、收藏家、档案文件的签署者、财政金融的负责人。他们对所用的印鉴要求是能历久不变、清晰度高。尤其对艺术、鉴赏、收藏的人们而言，他们的印鉴除表示他们的信征外，还有一个重要的艺术方面的作用，即把印泥的色彩看成是作品的一个组成部分。一幅中国画，作者不仅得考虑印章应盖在何处，还要考虑使用怎样的印章——白文的或朱文的，怎样的文字内容、印章的大小、加盖几方印章，从而使画幅的空间达到平衡，色彩轻重得当。有的作者甚至在创作时就构思印章应盖在何处了。一幅书法作品大多是白纸黑字，太素净了，如在作品适当的地方，盖上一二方艳丽的红色印章，作品会活跃起来，冲淡过于素洁的观感。印泥之于篆刻家则更重要了，篆刻创作必须通过使用印泥钤盖才能体现，才能装裱成帖或钤拓成谱。出于这样的考虑，艺术家历来就非常重视印泥的质量。在没有商肆出售印泥或购买印泥不方便时，或对商肆生产的印泥质量欠满意时，艺术家就不得不自己动手来研究制造印泥了。同样一方印章，如用优质印泥同质量差的印泥相比较，明显地会感到一方精神饱满、厚实凝重、鲜艳夺目，另一方则疲惫露底、渗油严重、线条漏红、色彩无神。可见印泥的质量优劣，钤盖在作品上起到的效果是如此不同！

优质印泥主要是油剂、朱砂、艾绒三种物质的混合物，这是历来的著作和许多权威人士在实践中所公认的，目前仍没有发现有更好的原材料取而代之。但是就油剂而言，有植物油、动物油数十种之多。就朱砂而言，这是红色颜料，除这一系列的朱磦、银朱外，尚有很多无机或有机的红色颜料，如无机的镉红、锰红和氧化铁红，有机的偶氮红色颜料、多环类红色颜料和蒽醌红，合成的茜素红，等等。就艾绒而言，有北艾、海艾、苏艾、漳州艾、鼠麴草等。究竟采用何种朱、油、艾最恰当？即使决定了原材料后，它们也只是粗料，必须要给以精制。怎样来精制？有了精制的材料，用怎样的比例来配合？怎样配合？配合的前提是必须熟知这三种材料的性能和在印泥中所起的相互作用。这些材料是怎样的性能，怎样相互作用？配合好的印泥应该怎样收藏和怎样合理使用？这些问题的产生，都围绕并集中到优质印泥的质量要求和质量标准。因此，制定出优质印泥的质量标准是研制印泥的精髓。所制印泥凡符合这些要求和质量标准的，其质之优才是无疑的！要研制优质印泥，必须无限地去靠近这些质量标准。

优质印泥的质量标准是对实践后的总结，首先来看看史籍上记载的和出现于近现代商肆广告用语中的质量标准：

《印典》：冬不凝冻，夏不走油，无渗红。

《摹印传灯》：颜色鲜艳，泥质柔和，冬不凝冻，夏不渗油，铁线填白无模糊不清。

《再续三十五举》：历久不变其色，不涩不渗，颜色鲜红。

漳州八宝印泥：色泽鲜艳、永不褪色，浸水不化，火烧留痕，冬不凝冻、夏不吐油、气味芬芳，光彩夺目。

上海西泠印社印泥：冬无凝冻之患，夏无渗油之弊，细腻浓厚，沉着显明，燥湿得宜，阅时愈久，光艳有加，虽印文之精者，亦无浸漶不清之弊。

杭州西泠印社印泥：色泽鲜艳古雅，历久不变，质地细腻，不渗透，不凝冻。

苏州姜思序堂印泥：沉着显明，不嵌印章，经久不变，多裱不脱。

东艺堂印泥：色泽艳丽，水浸日晒历久不褪，冬夏得宜，印文厚实，品质细匀，连钤数十次清晰不变，不霉烂，不硬结。

鲁庵印泥：颜色鲜艳，永久不变，耐日光强热，冬夏不变，着色力遮盖力高，印于纸上薄而均匀，千印万印丝毫不改，方为上品。不干不湿，细腻光泽，色如红缎，稠如面筋。泥质纯净，拒添药物。

上述各家所制印泥的广告，主要涉及印泥的质量。实际上也间接说明了理想印泥的评判标准，但是我们缺乏实际的样品来一一鉴别这些广告的可靠性、真实性。也就是说，这些包含质量要求的广告语至少可以作为一种目标，是所有印泥的制作人所追求的。然后我们可以此论证选择制造优质印泥应该用何种原材料最恰当，以及如何把原材料进行精加工。现将以上各家的优质印泥广告概括综合为以下五个方面：

1. 色泽鲜艳古雅，水浸日晒历久不变，阅时愈久，光艳有加。

2. 冬不凝冻，夏不走油，冬夏皆宜。

3. 泥质柔和，不干不湿，不渗，色如红缎，稠如面筋，气味芬芳。（拒添药物）

4. 连钤数十次印文清晰（千印万印丝毫不改），遮盖力、着色力高，厚实均匀。（薄而均匀）

5. 历久不霉烂，不硬结，多裱不脱。

以上五条既说明了印泥的使用要求和质量标准，又对制造优质印泥的材料，主要是颜料、油剂、纤维等原材料的加工精制和配合，立下了精辟的要求：第一条说的是颜料选择方面，第二条说的是油剂选择方面，第三条说的是纤维选择和配合方面，第四条，说的是配合方面。以上四个都包含着对原材料的精加工。第五条说的也是有关原材料加工精制和配合方面的。

在各家的优质印泥标准用语中，也有不同的，甚至相反的内容，最突出的是鲁庵印泥的质量标准：一是鲁庵印泥要求“所钤印文，千印万印丝毫不改”，区别于“连钤多次印文清晰”；二是鲁庵印泥要求“所钤印文，薄而匀净”，区别于“印文厚实均匀”；三是鲁庵印泥拒绝添加任何药物，区别于“气味芬芳”。

鲁庵印泥之“所钤印文，千印万印丝毫不改”，有他独特的制作技艺和制作条件，这与他主张“薄而匀净”有紧密的关系。鲁庵印泥主张不添加任何药物，是基于科学的论证得出的，它的目的，是要求所制印泥要经受漫长时间——不是数年，而是数十年——的考验，而印泥质量无变化！因此鲁庵印泥的油剂中，绝不允许其他物质，如冰片、白及、川椒等的加入，务求油剂的纯净。在颜料中也不允许添加如金箔、银箔、珊瑚粉等而使颜料污染。加入这些外加物虽然使印泥“气味芬芳”或使印泥“有闪光”以增加印文之美观，但对印泥的载体—艾绒却有致命的损伤。有些用料上乘的印泥，经数年发生霉烂或硬结，就是艾绒遭到污染导致的。鲁庵印泥绝对排除药物，其宗旨就是使所制印泥能经漫长岁月的贮存而不变质。

上述各家所制的印泥是否符合优质印泥的质量标准，没有实物和经受时间的考验，是很难说清楚的。例如，以“历久不霉烂，不硬结，多裱不脱”来说，这个“历久”是个模糊的概念，它代表多少岁月的含义——五年，十年，五十年？谁也无法讲清。即使有个确切的年份，那么又怎样来证明你所用的印泥已经“历经多久”呢？那些已经发生霉烂或硬结的印泥，到底是贮存或使用经过多少年才发生？这样的问题还有许多。实际上，印泥之所以会发生问题，都是在于原材料的加工不纯或外来物沾污造成的。又如“冬不凝冻、夏不走油”，冬天为什么而凝冻，夏天为什么会走油，这都是油剂的稠度、油剂的品种和配合的比例不当之故。如果所制优质印泥经贮存二三个寒暑而不发生凝冻、走油，则才符合优质的称呼。

鲁庵印泥提出的“所钤印文，千印万印丝毫不改”“所钤印文薄而匀净”，我们以后还要专门论证它的科学性。

鲁庵印泥的制作者张鲁庵先生是在 1962 年逝世的。在我的记忆中，1956—1961 年他所制的印泥从未作为商品出售，而是应他的亲朋好友——书画篆刻家、鉴藏家以及许多文博界人士之求，赠送或交换作品。用鲁庵印泥钤印的印谱，我所知道的有以下多种：《钟矞申印谱》《张氏鲁庵印选》《二弩精舍印谱》《金罍印摭》《退庵印寄》《鲁庵仿完白山人印谱》《松窗遗印》《何雪渔印谱》《秦汉小私印选》《鲁迅笔名印谱》（图 13）、《田叔达刻毛主席诗词印谱》《西泠胜迹印谱》《瞿秋白笔名印谱》《君匋印存一二集》（图 14）、《黄牧甫印谱》（图 15）。尚有许多以“中国金石篆刻研究社”的名义呈送国家机构、全国各地举办的书法篆刻展览会等。用鲁庵印泥钤拓这许多印谱、作品的印泥，由于年代久远，又无确切的证据证明其为鲁庵所

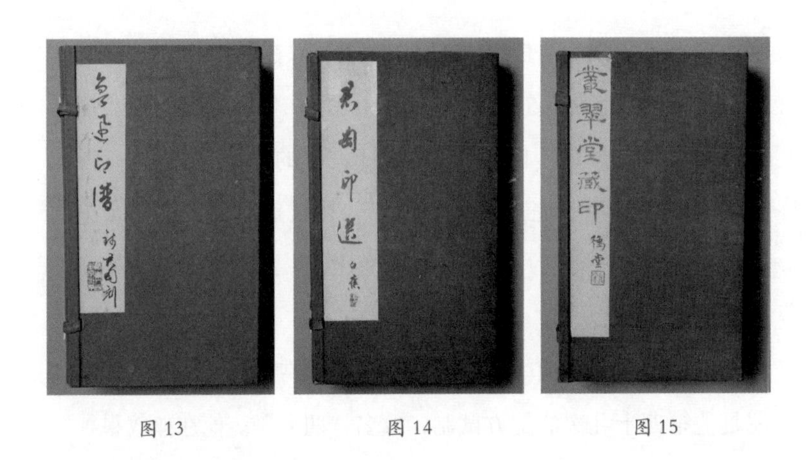

图 13　　图 14　　图 15

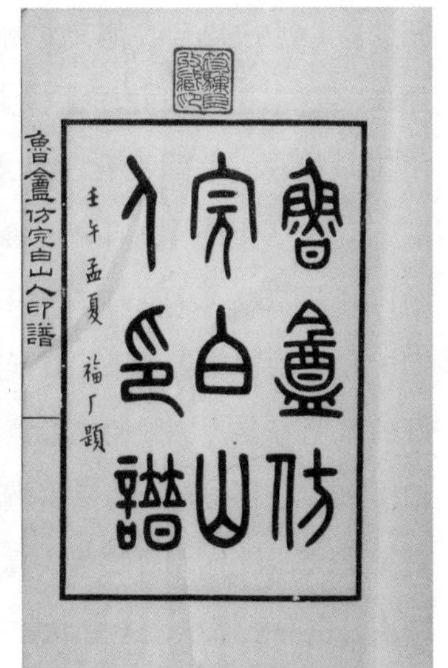

图 16

制，应该已不复存在！鲁庵印泥保存到现在的实物，最早的一缸是1943年所制，鲁庵先生以此印泥用在他自己刻的《鲁庵仿完白山人印谱》（图16）上。他在印泥缸的底部亲手写一签条："一九四三年用于完白山人印谱。"在缸盖里面，他又亲笔写着："一九五六年二月检视，质无变化。"此印泥经过十三年，质无变化。

鲁庵的"四九印泥"在1935年5月制成（图17），此印泥是他第四十九次的配方试制，故名"四九"。他在"效果栏"对此印泥写下评语："色泽美丽，艾绒尚可减少，油亦可略为减少。"到1943年，他又试制"四九印泥"。在容器缸盖里面，他亲笔手书："四九印泥，为一九四三年所制，至一九五八年二月检视，并无变化，且柔腻（此处字迹不清），可作标准。"1953年7月2日，他再制四九印泥，并在容器上手书记录：到一九六六年五月，骥良检视，并无变化。此印泥已经过二十三年的考验！后来，在长期的"文化大革命"期间，出身好的亲朋好友，一开始还愿意收留这些转移的印泥，但后来生怕多事，令我搬走，我只得辗转多次，颠簸迁移。这些印泥像丧家之犬，没有人敢收留，真是好苦的岁月。"文化大革命"结束，住房已缩小，这些印泥宝贝只能屈居角落，后来迁新居，才装于锦匣，彼时有的印泥缸已残损。这些鲁庵印泥在常温下存放至今（2008年），已达六十五年而质不变。真是很罕见的

图 17

有机物质，真可作为文教类的文物来看待！

关于优质印泥的质量标准，从上述诸家的广告用语和历来专家们在实践中所得到的经验之谈，已综合逻列出五个方面，其中需要讨论的是鲁庵印泥主张“所钤印文，千印万印丝毫不改”和“所钤印文薄而匀净”。但在讨论这两个问题之前，我想先介绍鲁庵印泥制作者张鲁庵先生。

张氏名锡成（图 18），字咀英，浙江慈溪人，世代经营药业，是近代杭州六大国药铺之一张同泰药行的东家。商号传至张鲁庵，在上海开设益元参行。张鲁庵从小酷爱金石篆刻，娶当时杭州才女——素有小李清照之称的张献芹为妻。鲁庵对她说，你要是做得了李清照，我就做赵明诚。这句戏言后来竟影响了张鲁庵一生——他终生痴迷金石篆刻，收集印章，印谱，并斥巨资研制印泥。张鲁庵拜书画篆刻家赵叔孺为师。赵叔孺是杭州西泠印

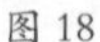

图 18

图 19

社早期社员、中国民主促进会美术组成员、中国金石篆刻研究社发起人兼秘书长，精篆刻、鉴赏，擅制刻刀赠送同道。张鲁庵能诗，有《鲁庵诗稿》存世。辑有《鲁庵印选》《秦汉小私印》《退庵印寄》等，刻有《仿完白山人印谱》《耕牛图印》（图 19）等。

先生为人和蔼可亲，乐于助人，也热忱待人。一生酷爱金石篆刻，收藏历代印谱四百余种，为海内第一，也收藏各类印章二千余方。先生生于 1901 年 5 月，1962 年 4 月病逝于上海，葬于杭州南山公墓。依其生前之嘱，印谱四百三十三部、印章一千五百二十五方全部捐赠给杭州西泠印社。

我在 20 世纪 50 年代，经张维扬、田叔达先生介绍进入中国金石篆刻研究社。因精于钤拓工艺和新闻专科的学历背景，我有幸担任张鲁庵先生的助理，分担一些社务和接待来宾、钤拓交往的工作。朝夕相处，聆听先生谈论古今篆刻，研究印泥制作之工艺。我曾问他，历来诸家对优质印泥都要求“印文厚实均匀”“连钤多次印文清晰”，到这里来求印泥的书画篆刻家也都希望先生为他们所制印泥要厚实，钤出的印花要有些立体感。最近沈尹默来求，特为关照越浓厚越好，先生都满足了他们的要求。可是实际上先生都一贯主张“所钤印文薄而均匀，千印万印丝毫不改”，两者截然不同，这是为什么？先生做如下论述：刻图章的人都知道，印泥钤印越浓厚，钤印所用的油朱越多，印泥的使用次数减少，成本高而效果不一定理想。反之，印泥钤印薄而均匀，油朱用量少，印泥的使用次数增多，成本低而效果好。浓厚、薄匀，这是由群体在使用中有不同需求而产生的。书画鉴赏家，他们使用印泥钤盖在作品上，要求印文浓艳厚实，因为这对作品能起到“画龙点睛”的效果。一枚印章，他们连续钤盖的次数有限，对印文清晰度不会有大的影响，他们也不会去考虑印泥原材料的珍贵，所以他们不要求“千印万印丝毫不改，薄而均匀”而使作品逊色！但如果篆刻家把作品钤拓成谱或装裱成帖就不是那么一回事了，要复杂得多，他们的作品必须经过钤盖才能显现，方寸之印，哪怕微疵也一目了然（图 20）。同一方印往往连续钤盖数十次甚至上百次是常事，如用浓厚的印泥，必然使线条有所改变，有损作品的面貌。要使线条不变如印刷报纸那样，只有印纹薄匀才能做到。实际上研制薄匀而遮盖力高的印泥，比研制浓厚的印泥要复杂繁难得多，颜料粒子粗细、油剂稠度高低、艾绒纤维柔硬长短三者和谐相处则是更难掌握的。

关于优质印泥的质量标准（图 21），以上所述已很全面，但尚有含糊不清之处，须阐明其内涵。如第一条，“阅时愈久，光艳有加”，怎样来判断此印泥是经过多久而光艳有加呢？“历久不变”，这“历久”究竟多久？第二条“冬不凝冻，夏不走油，冬夏得宜”，此指露天抑或是室温？第五条“多裱不脱”，怎样来证明此印泥可经过多次装裱而不脱呢？

图 20

图 21

笔者根据五十年制作印泥的实践作如下的诠释。第一条告诉使用者，这一判断不是通过观看印泥的状态而得，应该从所钤印文上来判断。众所周知，任何红色颜料，不能同天然朱砂匹敌。朱砂有一个特点是其他红色颜料所不具备的，即用朱砂印泥所钤的印文，随着时间的推移，当印文的油剂被纸张吸收逐渐消失，仅剩脂类时，朱砂会显露出微紫色的光泽（图22）。这种光泽年代愈久则愈沉静古雅，因此用朱砂所制的印泥是“永久不变”的！前已谈到出土的数千年前的甲骨文字，有的用红色颜料填于字口，至今依旧光泽夺目，这红色颜料就是朱砂。

第二条，“冬不凝冻，夏不走油，冬夏得宜”是优质印泥必备条件，而我们使用印泥都在室内。室内的气温，不分冬天夏天，也不管南方北方，大致在 4℃—34℃之间。因此，笔者锁定在这温差中，以不同配方进行试制获得成功。1982年所制印泥，至今检视质无变化。因此，这一条“冬夏”的叙说很笼统而模糊，北方室外的冬天气温可到–15℃至–30℃，在此低温下，不凝冻的印泥是不存在的！不如改为室内温差来的体贴、准确而易于鉴定。至于有人说，选定上海气温25℃来制印泥（我从未听张氏说过），那么室温在4℃是否能“得宜”呢？这种流传，误导人们对优质印泥的神秘性，是否有“哗众取宠”之嫌？

第五条要求印泥“不霉烂、不硬结，多裱不脱”。印泥发生霉烂或硬结，都是由于原材料不纯或添加药物等引起，使印泥的载体——艾绒遭到浸蚀而造成。张鲁庵先生在这方面已得到科学的证实，因此他拒绝在印泥的原材料中添加任何外来物或药品，并防止水分的入侵！后者“多裱不脱”是指书画上所钤的印文，经过历史年代多次装裱或频繁卷折，使印文从纸帛上逐渐脱落，有的仅存下依稀可见的痕迹，这在古代书画上是常见的。

图22

造成这种情况的原因有三种。其一是印泥所用的油剂，如菜油等，干燥得很慢，也许要经过数十年。在逐渐干燥的过程中，多次装裱和卷折使印文脱落。其二，由于油剂在加工过程中，没有把杂质完全除去，或由于油剂的黏稠度不够。其三，油剂的黏结（附着）力不强，印文容易从纸帛上脱落。所有有关印泥的记载都没有提到过黏结力，而黏结力的强弱是印泥很重要的、不可缺少的一项标准，没有黏结力或黏结力不足，则所钤印文经不起装裱，经卷折而易脱落。但有一个前提，这种黏结力的物质必须是非干燥性的，它连同颜料牢固地粘于纸帛上。20世纪90年代，上海博物馆复制古代著名的绢本书画，当钤印时，发现馆藏所有印泥在画绢上不能落印。当时馆方找我解决这个问题，我为之特制了四两印泥，他们用后即告诉我："好极了，谢谢你，解决这个大问题！"这就是典型关于黏结力强弱的问题！黏结（附着）力产生于非干燥性油剂的精加工过程，这种油剂一旦与颜料混合粘于纸帛上，将是永久不干燥地黏结着，在装裱、卷折时动作恰当是不会使印文脱落的，所以在优质印泥标准中应加上"黏结力"这项内容。（图23）

印泥经过长期钤用，会发生泥质"板结"的现象。这种现象是印泥中的油朱逐渐减少所致。因此，在研制时要尽最大努力使印泥不过快地板结，也是优质印泥的一个标准。笔者在实践中知道，印泥过快板结有几个原因：一是油朱混合的比例不

图 23

当；二是艾绒质量有问题；三是油朱与艾绒的比例不匹配；四是油、朱、艾没有充分混合。怎样来识别印泥是否会过快板结？只要根据印泥有无弹性或弹性程度如何来判定。富有弹性的印泥，当被印章扑蘸时，印泥受到印章的拉动，会使整团印泥引起变形移位。在印泥变形移位时，印泥中的油朱会“上浮”进而补充蘸去的油朱，油朱就不会在印泥表层消失，便于下次使用，并推迟了印泥的板结。印泥如果没有弹性，则被印章扑蘸时，整团印泥不会引起变形移位，仅有印泥表面的油朱上石，中间的和底部的油朱如“死水”不能移位上浮补充，在以后钤印时，只能用力扑蘸才能使油朱上石，越到后来用力会越大，形成恶性循环，艾绒便首先板结于表层，断绝了印泥下层的油朱上浮，造成过早板结。为改善印泥性能，只能频繁用印筋翻动。但印筋翻动是权宜之计，是很难再把油、朱、艾三者充分混合的，同时还影响印泥的着色力和遮盖力，也失去了得心应手的感觉。

优质印泥的质量标准体现在制造者的广告中——也是使用

者所希望达到的。这些标准不是孤立的，而是相互关联，相互影响，又有所区别的。如要做到印泥“色泽艳丽古雅”，则所用的颜料必然是水浸日晒，历久不变，阅时愈久，光艳有加的。这种颜料，必定要经过精细加工，它的着色力、遮盖率肯定也是很好的。着色力、遮盖率高了，可使印文厚实，就可达到“连钤数十次印文清晰”的效果。“泥质柔和，稠如面筋”的印泥一定是“不干不湿”的。但原材料加工不精不纯，配合不当或朱料在油剂中的浮力有问题，也会发生油浮朱沉的情况。富有弹性的印泥，可使印泥不过早板结，但如果油剂的稠度，艾绒的用量不匹配，会发生粘印，使所钤印文失真；恰当的附着力和黏结力可使“装裱不脱”，过头了也会使所钤印文失真。但印文失真也不一定是弹性和黏结力的关系，当油、朱、艾配合不准确也会发生。硬结和板结是两种不同的现象，硬结是印泥硬化，无法修复，主要形成的原因是油剂硬化，板结是由于印泥中的油朱使用得将要枯竭或已枯竭，如艾绒尚可，则可添加油朱修复。

上述优质印泥标准的相互关系，怎样才能和谐相融在一起？归根到底是油、朱、艾精加工要到位和配合比例要准确：一定粗细的朱砂粒子，必须用一定稠度的油剂与之配合成似悬浮液而不发生油浮朱沉，它的浓度则要根据使用者的要求来决定，可以厚实均匀，也可以薄而均匀。艾绒是油朱的载体，它的使

图 24

用数量要达到色如红缎，稠似面筋，富有弹性的理想状态。

印泥使用时，是把印章垂直在印泥上轻轻扑打多次（图24），务使印泥的油朱混合物在印面上完全沾濡上石，然后以适当的力量把印章盖在纸上，再轻轻地把印章提起来，印面上的油朱便移位到纸上了，即落印。这个盖印章的过程也颇有学问。书画家、鉴赏收藏家、艺术家在使用时是用橡皮板或书本作印垫盖印，只要求印文浓厚，色彩艳丽。篆刻家则因为创作的成果要经过钤盖才能表达，所以最讲究作品不能马虎失真，在钤拓印谱尤其如此，因此印垫既不能太厚、太软，也不能太薄、太硬，尽量保持作品的准确无误。新制的印泥和用了很久的印泥，使用时蘸泥手法和钤盖也不尽相同。书画篆刻家钤印，各有各自的习惯，唐云先生使用印泥最讲究，印章蘸印泥后马上把缸盖盖好以防灰尘进入。他说，打开一次印泥缸，如果进入几粒灰尘，一缸印泥用上几千次，则有几千上万颗灰尘进入。如不马上把缸盖盖好，进入的灰尘更多，污染印泥，多可惜！他喜欢用硬橡皮板作印垫，蘸泥钤印都很仔细，落手轻盈，位置正确。陈巨来先生钤印最别致，他不是把印章直接盖在纸上一次钤成，而是不用印垫，把印面轻轻放在纸上，然后把印章翻过来，纸覆于印面之上，用指甲在纸上轻轻压擦。全部到位后再翻过来，印面在上，揭下印章，钤一印要二三分钟。他说，他刻的细朱文和满白文，只有这样钤盖才表达不失真！（图 25）我问他，如果印章给了人家，人家不这样钤印或者要盖在大尺幅作品上怎么办？他说这是人家的事，与我无关！我说，根据我的钤印经验，不管你是细朱文满白文，或者什么样的线条，只要掌握蘸泥、钤印的手法，印垫软硬、厚薄恰当，且有优质印泥，一样能钤出令人满意的印蜕，并节省了时间和麻烦。钤印有各自的习惯和手法，只要经过多次实践，都能钤出满意的创作。（图 26）

说来很令人迷惑，对于著名的篆刻家钱君匋先生和王个簃先生的作品，他们自己钤不出惬意的印蜕，经常命我代劳。他们对我说："你盖的印，比我刻的还好！"其实这是过誉了。问题在于他们在蘸泥手法、钤盖手法和印垫上，习惯扭转不过来。或者由于他们时间宝贵，不耐心仔细所致。我只是太熟悉他们的篆刻风格和用刀而已！钱君匋先生的作品，少说我也钤盖过十万页，对他的所作太熟悉了。由于他视力欠佳，有的印刻得稍粗，我钤时就借用手法为之稍微补正。王个簃先生所刻的最

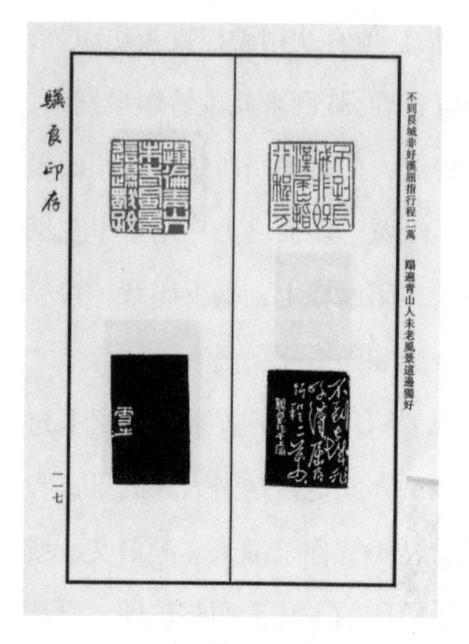

图 25

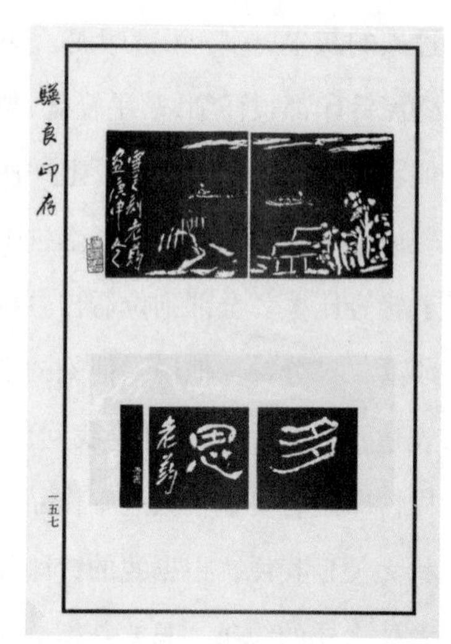

图 26

后四方巨印，他和他的学生都钤过，就是不满意，我为之钤拓五六套，以备发表，先生赞美不绝。记得赵执叔有一方朱文巨印，印中央稍有凹下，也许是石质问题，此处的线条稍细，与周边文字的线条不统一，曾用砂皮在凹处稍微磨过使线条变粗一些，钤这方印时我用厚而稍软的印垫，线条才勉强一致，只是着色力和遮盖力不够，当正式钤印谱时还是有破绽，只能用另一种办法。所以钤印也是一门学问。

有人说，印泥好像印刷油墨，前者用印章蘸泥，后者用滚筒滚涂，方法不同，道理相似，但其本质和使用过程并不相同：印泥是用印章直接上石后把油朱位移到纸张上，而印刷油墨是用油墨滚筒涂上油墨，滚涂到字板上，然后用纸张覆上字板印于纸上。前者是直接上石印于纸，后者则比前者多了两道工序——印泥必须用纤维作载体(俗称“衬胎”),控制油朱上石量，所用油剂为不干燥性油或半干燥性油,要求不干燥黏结于纸上，色泽永久艳丽，不发生化学或物理变化，并且随时随地可用。油墨是颜料和油剂的混合物，没有载体，取用干燥性油，要求快干，只能用多少取多少，不能久存，印成的书随着岁月流逝也会泛黄变化。

印泥中的颜料是显现印文的主体，但它要依靠油剂才能黏结于纸，因此油朱混合的比例是十分重要的，术语称油朱是“血肉关系”，那么艾绒在印泥中的作用如何呢?

众所周知朱砂所占的比重是很大的（约八成），而油的比重却很小（一成以下），要让这两种物质和谐相处在一起，只有两种办法。其一，使朱砂的颗粒磨至极细。其二，使油剂的稠度增大，足以使朱砂能浮悬于油剂中。有了良好的油朱混合物，必须要用良好的载体来控制油朱上石。艾绒是首选的材料，它的纤维富有弹性，柔如丝绒，既能使制就的印泥质地细腻，又有很好的附着和分散的功能（即古人所说“能分能合”），但必须要适量。犹如用酒精棉球在皮肤上消毒——棉球蘸酒精太多，酒精会流失，太少则消毒面积不大或消毒不到位，必须使酒精饱含而不流失，揩皮肤揩到哪里，哪里就涂上酒精，直到棉球里的酒精揩干仅存棉花为止，一个酒精棉球可以消毒很大的面积，如把酒精直接倒在皮肤消毒，就闹天大的笑话了。棉球与酒精的关系，是载体与附着物的关系。艾绒与油朱的关系也是如此，艾绒起着重要的物理作用。

简言之，油、朱、艾三者在印泥中相互关系是“各司其职”，又“相互依存”的。记得在20世纪80年代，吴长邺先生会同日本著名篆刻家带了两位翻译来我处，探讨有关印泥的问题，我就以油、朱、艾三者在印泥中相互关系作了阐述，没有涉及其他，两位翻译，由于对一些印泥的用词不熟悉，费了好大的劲才说清楚。篆刻家回日本后给我来信说：“我一生研究篆刻，聆听先生对印泥的一席谈，闻所未闻，我像重新投了一个人生！”（图27）

我们知道了油、朱、艾在印泥中的相互关系，但怎样使这三种原材料相处得更好、更符合要求，这就涉及油、朱、艾原料品种选择的问题。以油料来说，有动物油、植物油、矿物油三类数十种。朱料品种也不少，天然朱砂，因其产地不同，品种有十余种；人工合成的有朱磦、银朱、黄磦等。有机红色颜料中有朱红、大红、桃红、玫瑰红、茜素红、镉橘红等；无机类有氧化铁红、土红、永固红、镉红等数十种。艾的品种有药用艾、漳州艾、蕲艾、鼠麴草、火草等。在这些纷繁的原材料中，选用哪一种最恰当，是研制印泥的一门学问。

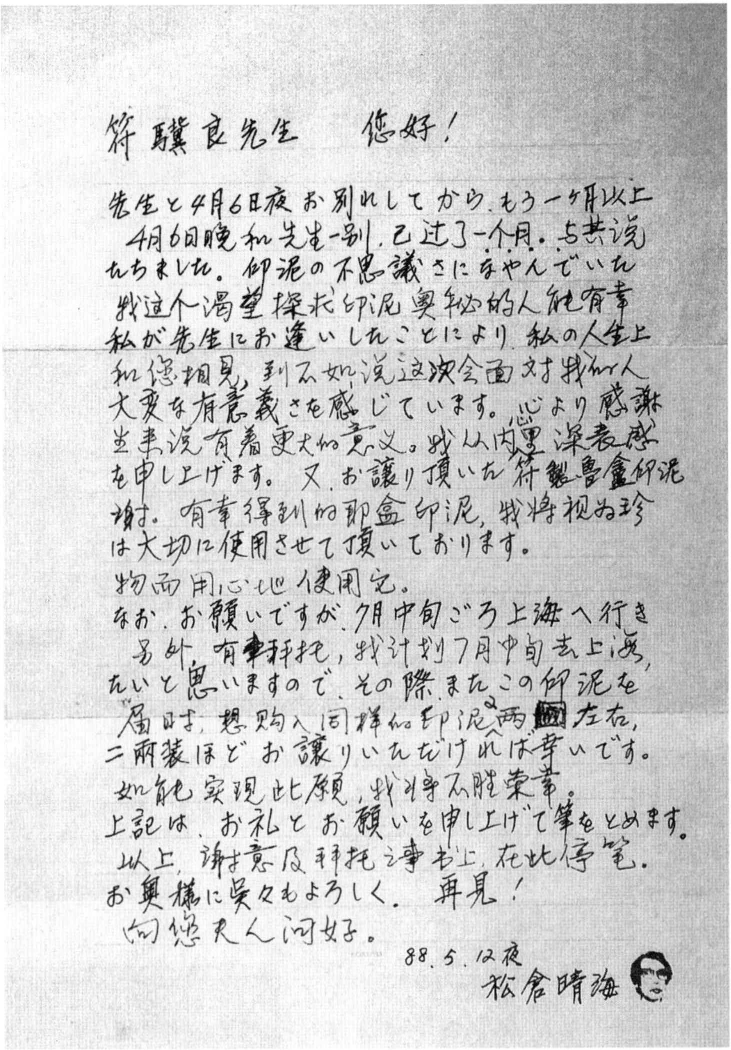

符驥良先生　您好！

先生と4月6日夜お別れしてから、もう一ヶ月以上
4月6日晚和先生一别，已过了一个月。与其说
たちました。印泥の不思議さになやんでいた
我这个渴望探求印泥奥秘的人能有幸
私が先生にお逢いしたことにより、私の人生上
和您相見，到不如说这次会面对我个人
大変な有意義さを感じています。心より感謝
出来说有着更大的意义。我从内心深表感
を申し上げます。又、お譲り頂いた符驥魯盦印泥
谢。有幸得到的魯盦印泥，我将视为珍
は大切に使用させて頂いております。
物而用心地使用它。
なお、お願いですが、7月中旬ごろ上海へ行き
另外，有事拜托，我计划7月中旬去上海，
たいと思いますので、その際またこの印泥を
届时，想购入同样的印泥两盒左右，
二兩装ほどお譲りいただければ幸いです。
如能实现此愿，我将不胜荣幸。
上記は、お礼とお願いを申し上げて筆をとめます。
以上，谢意及拜托之事书上，在此停笔。
お奥様に呉々もよろしく。再見！
向您夫人问好。

88.5.12夜
松倉晴海

图 27

我国是独特的使用印泥的国家，也是耗用印泥最多的国家。我国从使用印章的时候起就有了印泥（古称紫泥，即封泥），它从作为封栓开始，演变、发展到钤盖文书。虽说使用印泥的历史久远，但直到清康熙年间才出现了制造油剂印泥的商肆。商肆的出现，印证了我国使用印章已趋向大众化，需要印泥的人群越来越多。未有商肆之前，所有使用印色者和官府都自给自足、自制自用。历来有关“印学”的论说和记载中，也缺乏关于油剂印泥形成源流的介绍。而仅有的“宣和所制印色”的记载，也都没有可寻的具体脉络，后人只能从古代的书画上见到这种红色印文。甘旸、朱象贤、叶尔宽、陈克恕、汪镐京等古人的文字记载，也未说清楚印文从何时何地、怎样演变成油剂印泥的。最使人觉得遗憾的是所有流传的数百成千种印谱，其序文、前言、后记等文字，从未谈及油剂印泥的流传，连对印谱所钤用的印泥，也只字未提其色泽和效果、印泥为何人所制、印蜕为何人所钤！也许古人认为制印泥者、钤印者属于不悉一顾的低级人群吧！殊不知他们才是使印谱流传的奠基人！现我把我仅见的几家摘录如下：

一、傅栻《西泠六家印谱》跋：“是谱经始于辛巳春，竣事于甲申冬。各印半为亡妹隽儒、采儒手钤，两妹性俱慧、嗜金石。长妹尤精拓款识，细密不爽毫发，予与次妹皆不逮焉……三年中（两妹）均罹于产难……谱成而两妹不及见矣！”

二、魏锡曾题增补毛西堂手辑《西泠六家印谱》："西堂之辑谱也，一印入手，息心危坐，审视数四，徐出手制印泥。其泥入油少，坚韧如粔籹，以后就泥，凡积百十秒许，泥附于石乃就，几面印之，不借他纸，既又翻石向上，纸粘不脱，视其未到处，以指顶少压，一不惬至再，再不惬至三，三四不惬，或至三四十次，既得精妙一纸，类次入谱，不复再印，即强之印，亦不得佳，弃纸山积，不自珍惜，并供友人携取；然西堂最不惬者，特较他本焕然十倍，人得之者珍为'毛谱'。"

三、罗振玉《赫连泉馆古印续存》序："今年春，又得古玺印五百，长夏无事，复课儿子辈钤之，以续前谱……"

四、高野侯《明清名人刻印汇存》序："抑借紫泥而益彰，拓用桐烟而愈妙，宣和旧制，节庵擅其长（节庵印泥，仿宣和法，珍重艺林，为海上冠），《传古》雅言，秀仁悟其秘（簠斋《仿古别录》所述拓墨之法，颇极精审）。"

五、高时显《晚清四大家印谱》序："节庵酷嗜印刻，收藏名人精品至富，创设宣和印社，仿宣和法制印泥，并与当代学士、印人讨论审定，虚心采纳，鉴别益精，当兹印学衰歇之秋，得其致力保存，其功伟矣！"

以上几则，都未说到所用印泥的具体质量情况。“毛谱”

宝贵，世所长传。印学大家魏锡曾详细记载了毛西堂钤印过程。知道了印泥为毛西堂自己手制之后，在评价其质量时只说了十个字："其泥入油少，坚韧如粔籹。"节庵善制印泥，艺林皆知，他是上海宣和印社的创办人，记载说他所制印泥是"仿宣和法"（按：宣和乃宋徽宗年号），其法如何，至今不得而知，是否又成失传之秘？

丁敬身刻"徐堂印信"章，有一段记载："吾友徐纪南氏，偶于吟余制合印泥，即精妙可人。乃知斯如造墨者然，烟膏良矣，和者不悟，终不入妙，故出文士手即具胜赏者，会悟妙也。彼沾沾的秘方夸人者，守株见耳。"对徐纪南所制印泥，究竟妙在何处，未谈之及也。

清吴骞《论印绝句》："血染洋红久不消，芝泥方法贵深调。君看太师丁香印，绝胜郎官麝酒浇。"（洋红，出大西洋国，以少许入印色，其红胜丹砂、宝石百倍，且久而愈艳。）《升庵外集》载：印色方有芝泥紫粉之目，益昔人印色，以芝麻油调之，故云'芝泥'。近梁山舟太史，用丁香油，取其香而不冻，其法至佳。余寅《同姓名录》：唐、陈茂为尚书郎，每书信印记，浇以麝酒，养以透云香，印书达数千里，香不断！"（按：《论印绝句》共收十三家，计一百五十六首，只此一首说及印色。其中以洋红入印色，颇有见地。洋红，俗称钞票红，价值昂贵，微量入印泥以调增色彩。用丁香油制印泥，印记洒以麝酒，后无闻。此乃古人自给自足、自制自用之例，他们有研制印泥的丰富经验，就是没有系统地流传后世，有的都成了枕中秘。）

查阅历史上有关制作印泥比较具体的记载，如《印法参同》《印章集说》《印典》《再续三十五举》《红术轩紫泥法》《文雄堂印谱》《篆刻针度》《摹印传灯》《篆刻入门》等，所载内容，有的相互传录，有的以讹传讹，使有志于此道者事倍功半。但不管怎样，这些记载都有益于后来者的思维，运用时代科学的发展，去芜存真，改进制作。而众多自制自用者，他们对印泥的原材料都未告诉后来者，何谈加工精制的工艺？

现将油剂、朱料、纤维素三种原材料的选择论说于下：

油剂

“黏结力强，冬夏稠度变化小，永不干燥，无腐蚀性”，这是选择油剂的标准。什么品种的油剂最符合这个标准呢？在得出结论之前，必须要研究油剂在印泥中所起的作用。油剂在印泥中的作用明晰了，选择何种油剂就能迎刃而解。

朱料之所以能经过印章印于纸上而历久不脱落，是油剂的黏结（附着）力使然。如果油剂无黏结（附着）力或黏结（附着）力不强，则朱料不能上印或很少上印，钤盖于纸上，便会导致印文不清晰或容易揩糊、脱落。因此油剂黏结（附着）力强是油剂在印泥中的第一个方面的要求。

使用印泥，不论寒暑，要求随时可用。这就要选择凝固点低、沸点高、物理性能较稳定的油剂才行。根据常年的室内气温变化，这种油剂必须在摄氏四度到三十度之间性能稳定，这是第二个方面的要求。

印泥中的艾绒非常细柔，拉力较弱，因此要求油剂不能对艾绒有腐蚀性。有一些印泥，时间长了变成稀烂的粘体，就是艾绒被腐蚀的结果（有的朱料不纯也有腐蚀性）。另一面，这种腐蚀的过程是很缓慢的，一时不能察觉，如果用这种印泥钤盖在作品上或收藏的名人书画上，问题就大了。因为纸张的主要成分是纤维，过了相当的时间，纸纤维也会受到腐蚀，便会发生印文连同纸纤维一起剥落的情况。因此，油剂绝不允许有腐蚀性，这是第三个方面的要求。

印泥中的油剂，要求稠度（黏度）高，这是第四个方面的要求。稠度（黏度）低，黏结（附着）力就不强，钤的印文容易揩糊或过度渗油。

印泥中的油剂，要求比重（密度）尽可能大，这是第五个要求。我们知道印泥中朱料比重（密度）很大，用比重（密度）低的油剂，浮力也低，印泥容易发生油浮朱沉。如增加艾绒的用量来加强载体作用，则着色力、遮盖力受影响，泥质粗糙。油剂比重（密度）高，浮力大，容易使油、朱混合后保持平衡，亦可减少渗纸的发生，即使印泥搁置长久，不经搅拌照样能够使用！

油剂必须选用不干性油，这是第六个要求。我们经常看到有些印泥，经过长时期储放后形成了硬块，出现这一现象，除了因为选用的朱料不纯外，大多是因为用半干性油或掺杂这种油，甚至误用了干性油。如用这种油制成的印泥盖在纸上，一旦油剂硬化，印文再受到外界的摩擦碰折，肯定会剥落，严重的会连纸一同掉落。

现在我们就根据这六个方面的要求，在现实许多油种中来加以筛选。

油分为四大类，即动物油、矿物油、植物油和人造油。动物油凝固点高、熔点低、不能用来做印泥，以昂贵的鲸脑油、牛蹄油来说，凝固点低，熔点高，无腐蚀性，性能稳定，但稠度低、黏结力差，只能作为精密仪器润滑油之用，也不符合制印泥的要求。矿物油则渗透性、润滑力强，稠度较不高，黏结力很差，因此也不能制印泥。人造油方面，笔者不明其情况。因此，只有在植物油类中来考虑筛选。

植物油分三类。一类是不干性油，如杏仁油、花生油、椿油、茶油、橄榄油、蓖麻油等；另一类是半干性油，如棉籽油、菜籽油、玉米油、巴豆油、芥籽油等；再一类是干性油，如亚麻仁油、大麻油、桐油、胡桃油、梓油、豆油、松子油、榧油、罂粟油等。

干性油，由于在短时间内即会产生干燥，如制成印泥则很快形成硬结，不能用来制印泥。半干性油中，能制印泥的只有菜籽油，其他油种大多渗透力大、稠度低、凝固点高（约5—6℃），久置干燥，不足取。菜籽油干燥极慢，有经数十年之久尚如粥状的浑浊体，久曝于空气中即酸败得稠厚而不干燥，并且它的凝固点高，在室温5—6℃时印泥即硬结，加温后才可用；也有把菜籽油同蓖麻油混用的，以取得高稠度，但历久总不理想，有待智者去探研。

因此只有不干性油才符合制印泥的条件。在许多种不干性油中，其性质也有所不同：如花生油，凝固点高不理想，杏仁油、橄榄油、茶油凝固点低（-18℃），物理化学性能稳定，比重小（0.91），稠度很低，经过精制，加入适量蜂蜡，尚可作为印泥用油，但加蜡过多，则钤出之印文有蜡光气，使色泽受影响。

在不干性油中，只有蓖麻油是制优质印泥最好的油剂，我们先来了解一下蓖麻油的性能。

关于蓖麻油，鲁庵先生有以下记载：蓖麻原产于热带及亚热带（我国也有广泛种植），或野生，或栽培，种子之含油量为44—53%，如去壳则为66%。榨油有两种方法，一为不去壳压碎而榨之，一为去壳压碎而榨者。去壳而榨得之油色淡而品质高，通常在压榨前先蒸热，使油易出，而不加热者品质更佳。蓖麻子含有有毒的蓖麻碱，但压榨之油中只少量存在（绝大部分存于渣中），在精制时也必须清除之。蓖麻油为淡黄色之稠厚不干性油，精制者几无颜色。其相对密度大于一般油脂。黏度为植物油中最高（84），但摩擦系数很低（0.1），旋光性强。蓖麻油能溶于酒精而难溶于汽油，我们可以利用这一特性很容易把蓖麻油和一般油脂区分开来。蓖麻油的凝固点很低（-18℃），流动性好，在-20℃时仍可流动，蓖麻油在空气中几乎不发生氧化反应，不会酸败，稳定性极好。熔点为64℃，燃点为322℃。这是其他植物油所无的特点。蓖麻油的理化常数如下表：

（相对密度）：0.950—0.97	醋酸值：149.9—150.5
折射率：1.478—1.479	碱化值：176—186
凝固点：-18℃	碘化值：83—87
稠　度：1160—1190（>14）	燃　点：322℃
总脂肪酸含量:96% 。总脂肪酸中，除少量硬脂酸、油酸、亚油酸外，蓖麻酸占85%以上。	

上述鲁庵先生的记载，概说了蓖麻油的情况。精制后的蓖麻油可达无色透明的状态（图28），这有利于印泥的纯净，钤的印文即使渗油也不会使纸张泛色；旋光性很强、密度高有利于提升朱料的浮力；折射率和凝固点低，熔点为64℃，这有利于印泥适应气温变化的幅度；稠度高，有利于黏结（附着）力；醋酸值、碱化值、碘化值的高低，是影响印泥能否保持永不干

图 28

燥的标志。蓖麻油无腐蚀性，化学和物理性能稳定，在空气中几乎不发生氧化反应，稳定性及好。因此蓖麻油作为印泥最好的油剂是毋庸置疑的。

有的书籍上说“蓖麻油色浊，久之印反其质而黑，惟其性拔毒能入纸故不易渗”，“惟蓖麻油久之必变黑”等，其实发生这种情况并不是因为蓖麻油不好，而是因为在加工精制时没有彻底去除蓖麻油本身的杂质和色素，或者由于艾绒的叶绿素或朱料的杂质没有去除，溶于蓖麻油中，或者在制作或储存过程中接触到了铅或铁两种元素。

朱（颜）料

我们研制优质印泥，除了油剂、艾绒、配合方法要在心中有底之外，还必须先在自己的脑海中确立一种最佳色彩的相貌。

要得到这种相貌，只有依靠自己的不懈努力，在辛苦的、执着的实践中，经过数十次乃至数百次的调配所得经验，成立色样标本档案，在各色之间相互比较、区别才能获得，仅依赖言传身教是很难成事的。如果在脑海里连最佳颜色相貌都不知道或不认识，那么就像在汪洋大海中迷失了方向，无法适从。

颜料的色彩是在正常日光照射下所显现的色相，我们必须知道一些有关颜料的基本情况：不同波长的光线，作用在不同颜料，而产生吸收和折射，这种物理现象，对人的视觉神经进行生理刺激，影响到人的心理反应而产生色彩感觉。同样的色彩，在不同光线下，因人的主观意识不同，可以产生不同的感觉。颜料的色彩有色相、纯度、亮度三个属性，它们既相对独立，又相互影响，这对颜料色彩的选择是很重要的。所谓色相是区别各种颜料色彩的相貌。亮度指的是颜色深浅变化产生的明暗感觉，不同的颜色具有不同的亮度，白色的亮度最高，黑色的亮度最低。纯度是指单纯色彩的含量浓度，含量越高则其纯度也就越高，颜色就显得越饱和。颜料中红、黄、蓝三原色是纯度最高的色彩，同样色彩的颜料，由于纯度不同会产生向灰色转移的不同变化。我们研制优质印泥，最重要的要研究被颜料纯度的高低所影响的色彩，来获得最佳的印泥色相。研制优质印泥，影响颜料色彩的有两个方面：一，一定色彩的颜料质量、品种不同，颜料的色相、纯度着色力也都会不同，如朱砂的品种不同、纯度不同，粒子粗细不同，色彩就会不同；二，同样的颜料，如果使用方法不一样，会产生不同的色相效果，如印泥所用的油剂稠度，色度不同、配合的数量、方法不同，所见的色彩就会不同。

颜料是印泥的显色剂。历代相传均用红色，取其吉利，后来因为居丧避红，尚用蓝色或黑色，近现代印泥之颜色更多，有黄色、橙色、紫色、白色、青色等（图 29）。研制优质印泥的颜料必须选择日晒风吹、历久不变、遮盖率高，色彩艳丽的天然无机颜料。现代科研发展，有多种人造的无机性颜料也可达到研制优质印泥的要求，更有人造的沉淀色质有机性颜料，它的耐久性虽不及无机性的，但它的色泽艳丽胜过任何颜料。

我们日常所用的印泥，以红色为大宗，笔者把重点也放在红色印泥的研制上，其他颜色的研制是大同小异，运用自己的经验也可迎刃而解的。现将各色颜料分述于下：

红色

红色在可见光谱中是最长的，是颜色中最具活力、最有视觉冲击力的色彩。红色使人们联想到爱情、喜庆、前进和力量，也向人们表示禁止、危险和恐怖的警示。皇帝贵族历来以红色为代表其尊严的色彩，并在建筑和服饰上的运用，有明确的限制，我国唐代限定红色为五品以上官员的官服颜色，而民间一直用红色来表示喜庆或祈求吉祥。红色在现代更赋予特别的政治含义，世界上有一百四十多个国家的国旗上有红色或以红色为主要色彩。

红色是人类在绘画中使用最多最早、保持最久的色彩之一。人们很早就掌握了从草木、花朵及其根系中提取植物性的，即有机性的红色颜料的技术，也掌握了从耐久的红色土质或矿石中提炼出红色的无机颜料的技术。天然朱砂的使用更早，至今远古时代的壁画上的红色依然艳丽。后来人们又从茜草根提炼出茜素红，用胭脂虫浸泡出红色的动物颜料。

我国书画界所用红色的印章，在作品上只要盖上一二方，即能在作品中起到举足轻重的平衡作用。红色与白色并列在一起，它的效果在色彩上极其醒目，是最强力的色彩对比；红色和黄色的关系富有温暖的活力；红色与棕色是一对难分难解的兄弟，是色彩对比中最和谐的关系；红色与绿色经常搭配，桃红柳绿经常可见；红色与蓝色是最鲜明的冷暖对比关系；红色与紫色仅距一步之遥，当红色偏紫时，带有使人遐想的妖艳；红色与黑色搭配，显得肃穆而庄严大方。总之，红色不愧为三原色之首，它在花花世界中是最活跃的颜色，但慎与含铅含铁之颜料混用，以防变色。

朱砂　研制优质印泥，朱砂是首选的红色颜料（图30）。朱砂的化学成分是硫化汞（HgS），三方晶系，晶体呈板状或菱面体状，集合体常呈粒状、块状或土状，半透明，金刚光泽，硬度2—2.5，比重8.09—8.2，一个方向的解理完全，仅产于低温热液矿床，常与辉锑矿共生，为炼汞的主要原料。

朱砂不被酸碱所侵蚀，曝于日光亦不褪色，它的折射率、遮盖力、耐水力甚强。朱砂红得火而不燥、艳而不俗，是任何红色颜料——不管天然的、人造的至今都不能达到的。这些优点也都是优质印泥所希望拥有的，因此朱砂历来是制造优质印泥的最佳品种，也是最珍贵的红色颜料。我国使用朱砂已有悠久的历史。早在秦汉年代就有使用朱砂的记载。1972年，我国湖南长沙马王堆出土的大量丝织品中，有许多彩绘的图案，有不少花纹的红色就是用朱砂绘制而成的，这些朱砂的颗粒研磨得又细又匀。虽然在地底下埋葬了两千多年，但它的色彩依然鲜艳夺目。可见西汉时期人们采制、使用朱砂的技艺是相当高超的。

纯净的朱砂，经烈火燃烧化为气体而不留灰渣，这是检验朱砂的一个方法。我国西南地区如云南、贵州、四川、湖南、广东、广西等为著名产地，尤以湖南辰州（今怀化）出产为最富，故历来把朱砂称为辰砂。朱砂的品种名称很多：妙流砂、镜面砂、神座砂、金座砂、白金砂、澄水砂、辰锦砂、芙蓉砂、梅柏砂、神末砂、金星砂、平面砂、箭镞砂等等，都以产地或形状来定名。好的品种在灯光下色如玫瑰，非常匀净，透明而有闪光。镜面

图 29

图 30

砂是最好的一个品种，又名劈砂，产于四川和云南。产出时是块状，加工时把它依纹路去其杂质，劈成一片片，其形平如镜面，故名。大者径约1厘米，厚约2毫米，称大片砂，稍小的称中片砂。箭镞砂，颗粒如箭头状，故名，其色略黄，产于辰州。其他品种，经过筛选，拣其质地明净、颜色鲜艳者都可应用。由于朱砂是硫化物，在遇到铅或铁且超过一定值时容易引起变色发黑，应加以注意。

银朱（朱磦、广磦） 银朱，又名猩红、紫霜粉，是用干式法人工合成的无机性红色颜料，它的化学成分与天然朱砂相同，为硫化汞；朱磦、广磦同样是人工合成的无机性红色颜料，化学成分与银朱相同，但以湿式法制成（图 31）。干式法是将硫磺与汞按比例或重量充分混合，将黑色的化合物——硫化汞放入铁质或瓷质之锅内加热，使之升华成鲜艳红色粉末，附吸于接拾器内，然后经捣碎、细研、洗涤、水漂后干燥而成。洗涤时，如用碱液，则附着之少量硫及黑色物，容易除去。湿式法是将硫与汞化合物在氢氧化钾溶液中慢慢加热，则黑色硫化汞渐渐变成红色硫化汞的过程。干式法制者色鲜红而量重，湿式法制者色偏黄而量稍轻。湿式法可调节温度使色彩由黄向红移动，可以随自己的需要决定色相，这是朱磦、广磦的特性，但在常温下则历久不变。采用湿式法，温度调节至关重要，温度过高则变成暗红色，过低则变淡红色，通常在 50℃以下加热，至自己需要的色彩时，即注水其中，以停止其反应之进行。然后取出、捣碎并洗涤、干燥，即成。湿式法制者容易粉碎，用同样的功，颗粒比朱砂细，遮盖率亦高，所制印泥比朱砂柔糯细腻，但在日光下曝晒会从微黄变为艳红，经久不晒又会微黄，如在

图 31

高温下烘烤，则变为暗红，甚至升华。与朱砂相比较，银朱沉稳、淳朴、厚实，带有微紫的沉静色相，亦无朱砂经过放置越长越觉可爱的观感。

镉红　镉红是镉的硫化物与硒化物的化合物，通常硫化物占百分之五十五，硒化物占百分之四十五。把硫化钠与硒化钠投入镉盐的溶液中，使成化合物，沉淀后取出加温，除去过剩之硫及硒而得。镉红的颜色按其硒含量的多少分布在橙红至暗红之间。硒的含量占 10%—30%。镉红于 1910 年合成并开始应用，由于性能优越，它成为了红色颜料的主力。镉红的遮盖率极强、着色力佳，色彩明亮，能耐光照、又耐强热，稳定性好，是很好的油性颜料，密度较小，慎与铅、铁接触，以防变色。镉的毒性较大，要避免吸入其粉尘。

铁红　铁红是矿物颜料，即人们常说的氧化铁红。氧化铁红可以是天然形态矿石“赤铁矿”，也可以通过煅烧黄色“生赭石”获得。天然的氧化铁红是人类最早使用的颜料之一。在红色颜料中，氧化铁红的性能属于最稳定、耐久的一类。现在市上所售者，大多是人工合成，它的色相浓重、饱和，但欠鲜艳，有很好的耐光力和遮盖力，热稳定性极好。它的颜色取决于它的颗粒尺度和形态，粒径越大，颜色越明亮。在使用氧化铁红时，要避免与硫化物直接接触，以防变黑。著名的马斯红、威尼斯红、英国红、印度红都是氧化铁红的别名。

偶氮红及茜素红　偶氮颜料是沉淀色质类有机颜料中最大的一族，色相品种包括全部红色：从橘红、朱红、大红、紫红等都齐全。偶氮红色泽艳丽、饱满，它的遮盖率、着色力和耐日光都较好，且价格便宜，所以被广泛应用，通常被称为大红、朱红，也有称银朱、太阳红、沉淀色质红、永固红、耐晒红的。传统的茜素红是从茜草根中先提取透明深红色的植物染料，然后分解制成深红色的透明颜料和沉淀色质颜料，如玫瑰红、洋红等。这种茜素红虽然着色力很强，但不耐久，容易透明，后来人工合成了茜素红，它的耐久性胜过了天然产物而被大量应用（图32）。在研制优质印泥时，如果运用这两种颜料艳丽的特点，作为等量的、恰当的调色来应用，能起到相得益彰的效果。

黄色

黄色的色谱是光谱中最为明亮灿烂的色彩。黄色的土地和黄色的太阳是人类赖以生存的主要依靠，因此黄色在人类的心目中象征着希望、光明、温暖和收获。由于黄色最接近金色，所以把贵重而使人喜爱的金子称为黄金。我国古代金、木、水、火、土五行中，黄色居于中央，象征着国家之主—天子。黄色的服饰和建筑，是皇帝的专用色彩，也是佛教的代表色彩。黄色是一种使人积极向上的色彩，在明亮的黄色环境中工作学习，会精神饱满，提高工作学习的效率。但如使用不当，黄色也有可能产生烦躁、低俗和病态的感觉。黄色颜料的品名很多，大多是同色异名。无机颜料中的铬黄、镉黄、氧化铁黄，有机颜料中的偶氮黄，传统的雄黄（石黄）、雌黄及藤黄等，除偶氮黄外，都有毒性，或与硫化颜料（如朱砂）相混合会发生变色。但研制优质印泥时，为适应人群对印泥色相的要求（如喜偏黄

图 32

一些），制作者会以少量偶氮黄的品种做恰当的调色，来达到所需要的色相。

赭石 赭石，即赤铁矿，化学成分为氧化铁（Fe_2O_3），矿物颜料（图33）。在我国，赭石因产于岱群，故名岱赭，俗称土铁朱，在山区都有出产，以西北产为最佳。赭石研细后为深朱色，我国古代都用来点书或注释之用。在中国画中，不管画山水、翎毛、走兽、人物、草虫，赭石都是常用之色，颇有古意。赭石拣其质地坚硬而色彩黄丽者为佳，研细、水漂后颗粒很细，不畏日光，历久不变，唯不能与硫化物混用，以防变色。研制印泥，吸油量很大，颜色也会转变成深褐。

偶氮黄 偶氮黄是沉淀色质类的有机颜料，十九世纪末研制成功，它是偶氮颜料中的大类，可表现为很多种黄色，如橘黄、淡黄、中黄、柠檬黄等，还有被称为永固黄、耐晒黄、汉莎黄的。偶氮黄色泽鲜艳，耐晒力、着色力都很强，能与各种其他色彩的颜料混合。要研制色相偏黄的印泥，可用少量作为调色。

蓝色

蓝色印泥，我国古代就已使用，居丧悲哀而避红，表达一种肃穆、忧伤、庄重、哀思的气氛（图34）。蓝的色相在颜色中感觉最冷，让人产生寒冬深沉的遐想。随着时代生活的发展，蓝色已成为大众化的色彩，诸如士林布、牛仔袄、青花布、青花瓷，都以蓝色为时尚。不同的蓝色色相，对人的感受有很大的不同：明亮的蓝色使人联想到蓝天和海洋，有利于心态平静和思考问题；深暗的蓝色让人觉得冷酷和孤单。在运用色彩上，如果没有蓝色，红色与黄色便难以显现它们的活力；蓝色与绿色在一起，自然界可谓无处不在，蓝天、白云，绿色世界是也；蓝色与紫色的关系像母子一样不可分离；蓝色与红色调和，如同男性与女性结合的神秘感；蓝色和黑色在一起是世界上最严肃的色彩！

石青　石青，即蓝铜矿物，单斜晶系，晶体呈柱状或板状，通常成粒状、块状、放射状，以及土状和皮壳状集合体。条痕淡蓝色，玻璃光泽，硬度3.5—4，比重3.7—3.8，产于含铜硫化物矿藏之氧化带，是炼铜的次要原料，质地纯净者是很好的天然蓝色

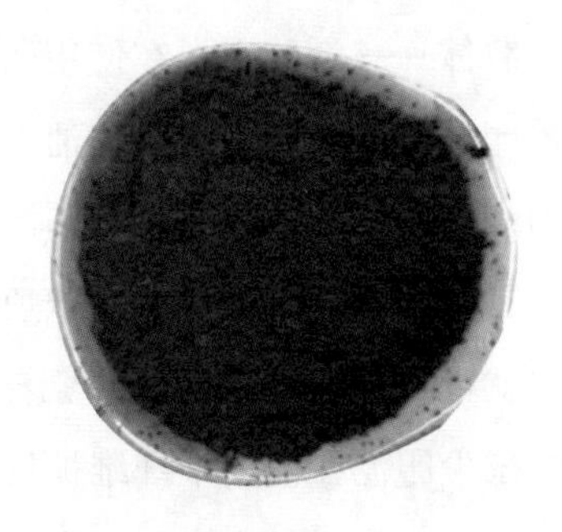

图33

图34

颜料。研制优质蓝色印泥，一般都用此矿物颜料，俗称扁青，又分大青、天青、回回青。以回回青为最贵。色深者为石青色，淡者为翠青色，在我国，产于湖南、湖北、四川一带，但产量不多，精选费工，价值昂贵。1828 年人工合成技术成熟，乃得以大量制造，价廉物美，即现在所名之群青。它的色彩清新透明、耐光力强但着色力、遮盖力差。不耐酸，应避免与含铝、铜、铁的颜料混合。欲制印泥必须单独使用。鲁庵先生曾以合成群青制印泥，他的评语是“胜过天然石青”。

纤维的选择

印泥所用纤维作载体（俗称衬胎、胎骨），要求有以下一些特点：

1. 纤维细长而柔软，有韧性；
2. 纤维附吸力较强；
3. 纤维要有能分能合的惯性。

由于优质印泥的油朱都依附于载体——纤维上，在使用印泥的过程中，当印泥表面的油朱被印章蘸去后，在下面的油朱或纤维如果不能移位浮上补充，则表面的油朱一旦蘸尽，印泥就会板结。如再要使用，只能用工具翻拌才行——这将是麻烦的事情。因此选用印泥的纤维载体就得从克服这个物理现象着手。纤维细长而柔软、有韧性，可减少印泥在使用中纤维被折断或拉断，并带动下面含油朱的纤维向上移位补充。但要带动下面的油朱纤维，就要求纤维有较强的附吸力。若没有附吸力，印章扑蘸时就拉不动纤维，下面的油朱纤维依旧不能移位上浮补充。纤维的能分能合，是指纤维间不发生或少发生互相粘连或纠缠在一起的现象。

纤维分人工合成纤维、矿物纤维、动物纤维和植物纤维。就目前来说，矿物纤维仅有石棉，这是一种绝缘纤维，毫无韧性，附吸作用很差，而且有毒性。动物纤维如蚕丝，这是一种有机纤维，太细而且分合困难，容易板结。人工合成纤维太粗不柔、弹性过强，都不能用来配制优质印泥。植物纤维的品种最多，如棉花、麻丝、桑皮、楮皮、竹纤维、柳絮、灯草、藕丝之类，有的粗硬，有的易结不易散，有的加工精制困难，有的附吸力太差，都不适合研制优质印泥。市面上曾出售过“藕丝印泥”者，容易引人入歧途——藕丝是糖类有机物，干燥时变成粉末，润湿时风也吹得断，怎么能做印泥的载体？如果把藕丝的粉末作为颜料做印泥或用作印泥调色（这是异想），则藕丝糖分酸化，败坏印泥，因此，藕丝印泥者，它同“八宝印泥”一样是印泥的名称而已。无独有偶，听闻有人用灯草做印泥，并称古人说钤出的印文有堆积感。不知古人是用灯草做载体呢？抑或是做颜料呢？做载体吧，灯草太粗，附吸力太大，没有“分、合”的性能；做颜料吧，它是白色；作朱料的调色吧，灯草无法研细，所以细朱文印、细白文印是钤不出的，极有可能糊成一片，这“堆积感”也只是异想而已。作为优质印泥的载体，自古至今只有艾绒最佳，今后也许会出现合成纤维类似艾绒者可取而代之。

艾

菊科，多年生草本植物，又名酱草、黄草、艾蒿。生长在汤阴者为北艾，四明者为海艾，以湖北蕲州者为胜，嫩叶供食用，老叶可制成艾绒。艾绒有以下特性：用手把它捏紧放于桌面上，能维持其形状，不去碰它，它始终就是这个形状（即所谓“能合”），如果受外力把它轻轻拉动，它会随力的方向被拉开，拉开多少，它就定位多少，不缩也不伸（即所谓“能分”），此其一；艾绒的毛细管作用很强，使油朱混合物附吸其上，此其二；由于上述两种功能，当印章扑蘸印泥时，整缸印泥便产生力的拉动使底部的纤维油朱移位，补充上面被蘸去油朱，这就使印泥不易板结，此其三。用艾绒作载体制成的印泥，质地细腻，柔如面筋，色如丝绒。（图35）

图35

鲁庵印泥

原料加工法

印泥所用的颜料是印泥历久不变其色的保证，印泥所用的油剂是印泥历久不变其质的关键，而印泥使用的艾绒是使用印泥得心应手的媒介。在原材料选择一章里，已确定优质印泥主要是用朱砂、朱磦、蓖麻子油、艾绒所制成，现就这三个原材料怎样精制分述于下。

油剂的选择和澄净

前文《历来制造印泥之厂肆情况》及《历来个人研制印泥之情况》已详细介绍了厂肆和个人研制印泥的具体工艺过程。这些资料在加工精制油剂方面的叙述——包括蓖麻子油、茶籽油、菜籽油——最为详实，概括起来有几个特点：

1. 所有印泥用油，都需加入多种中药材熬煎，企图用中药的药性来改变油的性质，从而到理想的油剂。如苍术能去湿，白及能不褪色，胡椒等性热使油不冻，血竭活血祛瘀使油增加“活性”，干姜、白芷性温以防湿气，砒石性烈使油不冻，白矾促使杂质沉淀，白蜡使油不透光，黄蜡使油稠厚，等等；

2. 要使药性通过熬煎进入油剂，促进油质稠厚，滴水成珠。应当用陶瓷作盛器，防止污染；

3. 可以把两种油料混合精制，目的是二种油都有长处和短处，混合后可取长补短；

4. 这些制油方法，有很多显然是相互传抄的，只是在量的方面或工艺程序上有些变动。

前面讲到印泥中油剂的功能在于把印章的文字图案钤盖于纸张或绢帛，使之历久不脱，不侵蚀纸张绢帛，不允许字口延色。油的精制就是要达到这个要求，要彻底纯净无色，清除一切有害于朱、艾的杂质。朱、艾也一定要漂洗彻底，去除一切油溶性或腐蚀性的杂质。古人发现用蓖麻子油制印泥“久必变色（黑）”，大多是因朱料不纯或艾绒洗涤不彻底，留有杂质溶解于油所造成。如果蓖麻子油本身不纯净，含有色素或氧化物，那么钤盖的印文便显稍为延油，则字口外易留下黄色并且最终使印文也逐渐趋黑。总之，没有外来的因素，纯净的蓖麻子油是绝不会变色的。如果油剂或朱料存有腐蚀性物质，艾绒必被侵蚀、脆化、溶融，我们常看到有些印泥年久发黏甚至变为浆状物，就是艾绒被腐蚀所致。

对于由于油剂发生的这样、那样的问题古人也许不能解决，因此便联想到利用中药的药性，希望借助药性来解决这些问题，使油剂发生质的改变。殊不知中药的药性是治理有生命的物质的，必须通过生命的生理活动才能显现出药效。这些药同无血肉活动的物质是完全不搭界的。古人曾加入许多种中药于油剂中，除一两种如黄蜡、白蜡外，其他反而污染了油剂，加速印泥败坏。如皂角为碱性物，碱同油会产生皂化作用。艾绒的纤维很柔弱，这些碱性物日久侵蚀着艾绒，最终使艾绒脆化，印泥也成了浆状物不能使用。笔者曾修复过这种印泥，加入艾绒可用了，但二三年后物主又拿来了，一看又成了浆状物。这足以证明印泥中腐蚀艾绒的物质，不是油剂就是朱料所携带的！

砒石入油绝无“严寒不冻”的效果，除非发生化学反应。砒石有毒，混入印泥危险！白矾是硫酸钾和硫酸铝的水合物，能起“燥”，兑水会把水中的杂质沉淀，是很好的净水剂，但对油是“无动于衷”的，而对朱艾更是一种污染物。藤黄为国画颜料，如溶于油，会使油沾上色素。总的来说：所用中药大多是有色物，当色素溶于油中便很难去除，印泥之油剂应以无色为佳，怎么能够人为着色？！至于要使油剂芳香而使用冰片、花椒之类，倒不如添加香精油为好，可以减少其他杂质对油剂的影响。古人以加蜡来提高油的稠度是可取的，蜡为中性物，性质最稳定，用蜡封闭的东西可经久不坏。它也不会与朱、艾发生任何化学反应，在加温的情况下，蜡能溶于油直到饱和状态，但在使用前，蜡要精制脱色。

因此，笔者主张，在没有更好的办法之前，应排除任何添加物于油剂中。

古人的晒油法，是使油自然脱色、自然清除杂质的方法——强烈的日光能促使油类脱色、加快油中氧化物氧化而沉淀并清除水分使油稠厚。古人的熬油法是可取的，熬油使油层迅速发生对流，充分接触空气，使杂质快速氧化沉淀，或蒸发逸出水分。但应掌握好温度，不宜过高，熬煎之油必须脱色才能白净。古人以为制好之油越陈越好也是对的，其功效在于使一些在日晒或熬煎过程中未氧化的杂质，继续氧化沉淀。晒油或熬煎避

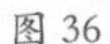

图 36

图 37

用金属器皿，因为油若受到金属污染，盖出的印文会变暗变黑，我们常听到优质印泥不可使用铜印就是这个道理。古人所说蓖麻子油会使印泥“久必变色（黑）”，是油质受到污染的结果。经过科学的分析，纯净的蓖麻油是无色或极淡的微黄色（图36）。笔者在二十多年前曾把几滴精制的蓖麻油滴在玻璃板上，再滴二滴在宣纸上，上面用玻璃罩罩好，并留有空隙，把它放在橱顶上，以后便忘记了。多年之后迁新居，才重新看到。玻璃板上的几滴蓖麻油依旧不干、无色，也未变形，宣纸上的二滴已被吸收，但宣纸依旧白净，足可证明蓖麻油不会变色。

蓖麻出自西域，今随地可以种植。明代以前只知其治病功用，不及其他，李时珍《本草纲目》尽道其详。蓖麻之茎有赤、有白，中空，叶大如瓠叶，高三四尺，贫瘠之土亦能生长，夏秋间开花，黄色，结实凡三四子合成一颗，果肉分房，内壳有黑白斑，仁含油量达百分之六十以上，为不干燥性油类。（图37）

蓖麻子榨油有两种方法，其一，不去壳把籽直接捣碎而压榨之；其二，把籽去壳，将其仁捣碎而压榨之。以去壳压榨之油为佳、油色淡而质地好。通常在压榨前先蒸热使油易出，但质地不及冷榨者。蓖麻子含有毒素的蓖麻碱和酵素，但在所榨得之油中含量甚少，绝大部分存于油渣中，在精制油时必须将它清除。蓖麻油精制有三种方法，即自然法、物理法和化学法，也可以用这三种方法交替进行。

自然法制油 先把榨得之油投入长形玻璃器皿中，静放几天，观察油质的沉淀变化，待沉淀稳定后，缓慢地将较净油液倒入大瓷盘中，务使沉淀物不要带出。大瓷盘为平底，搪瓷或玻璃质地都可以，要求面积大的浅盘，盛的油液越薄越好（油层厚了反应慢），置于烈日中曝晒，并使油持久地接触空气充分氧化，如遇风沙则用玻璃盖上，仅留一些空隙利于油中的水分等蒸发。曝晒应在小暑大暑时节进行，此时的阳光充足，气温炎热，油受紫外线的作用会自然漂白，油中的酵素 、甘油、硬脂酸以及杂质氧化沉。曝晒的时间应选择在上午九时至下午四时为佳（应视气候不同而缩短或延长时间）。经过一个夏季的曝晒，油质已浓缩稠厚，这时将油倒入玻璃瓶中贮藏起来。倒油时，动作要轻慢，不要使盘底所积的沉淀物被带入玻璃瓶中。盘底的油不一定倒干净，可以连沉淀物一同倒入玻璃量筒中，静置数天让其再沉淀，再把上层之油倒出，沉淀物处理掉，以免浪费。最后所得油脂，可留到来年夏季再晒，应绝对防止灰尘。一般在晒过二个夏天即可使用。如果条件允许，像这样晒上几个夏天，油质更好。采用这个方法精制最简单，缺点是耗时长久，天天要照料收放，时常会遇到风雨的麻烦，但所得之油质稠厚明亮杂质尽去。

物理法制油 这个方法，总的来说是应用一些器械和物质来清除蓖麻油的杂质使油白净、稠厚的方法。所用器械和试剂如下：

250℃温度计一支	可控电炉或热源
石棉网板一块	大容量量杯一只
小型空气泵一架	过滤袋一只
大容量烧杯二只	玻璃棒一根
滤斗一只	滤纸数张，过滤袋一只
搪瓷盆二只	酸性白土
骨炭粒	活性炭

把榨得之蓖麻油倒入量杯，静置数天，清除沉淀物，然后将油倒入烧杯中。取酸性白土、骨炭粒、活性炭加入油中。盛油的烧杯下垫上石棉网板，在热源上加温至70℃左右，维持此温度。用玻璃棒搅拌半小时左右，此时油中的杂质被吸附剂吸收，色素也被清除大部分。接着用过滤袋（棉织品，其密度要高，避免吸附剂通过其织眼），下置烧杯，把油注入袋中初次过滤。

把过滤之油倾入搪瓷盆，使用小空气泵（如饲养热带鱼的空气泵），将空气压入油中。此时油如沸滚一样，把油中部分杂质氧化和清除挥发性物质，大约需要五十小时或更长一些时间。然后将油倒入量杯，静置数天，使油中微粒沉淀并去除之。

将滤斗滤纸置于量杯上，把油注入滤斗过滤，使油中不能沉淀的悬浮物过滤干净。过滤根据具体情况可重复进行多次。若油质已较明亮，便可将油倒入搪瓷盆，用沸水冲入油中，一面用玻璃棒不断搅动，使油中水溶性物质溶解于水。待温度降低，油浮水沉，小心把油倒入另一只搪瓷盆，剩水废弃，再用沸水冲洗。这样经过数次，油中之水溶性杂质及色素基本清除。

将冲洗之油倾入烧杯，下垫石棉网板，在热源上加温。开始不要超过70℃，因油中尚存有水分，高温水气会使油发生爆裂，有被灼伤的危险。要不停地用玻璃棒搅动，待水分完全蒸发掉后再逐渐升温，保持140℃左右。温度不宜过高，以防油变黄及挥发，持续十小时以上，视油的稠度而定。加温的作用，在于把油中挥发性的不纯物挥发干净，稠度增大，油的特殊臭气也相应清除，油质明净。

若以此法处理精制之油，再在日光中暴晒三伏，则取得之油质更佳。

化学法制油 化学法制油是使试剂与油中一些物质发生化学变化，经沉淀后清除的方法。这个方法比较复杂，油的耗损较多。20世纪50年代张鲁庵先生同笔者曾用此法作实验性制油，效果甚佳。

大型量杯一只	特大烧杯一只
小烧杯一只	打蛋器一支
玻璃管及棒各一支	石棉网板一块
可控电炉或热源	小型空气泵一架
小型真空过滤器一架	滤斗一只
滤纸及试纸若干张	氢氧化钠及活性炭若干

取榨得之蓖麻油注入量杯静置数天，清除沉淀物。

首先用洗涤的方法，把已清除沉淀物之油倒入小烧杯中，将氢氧化钠（NaOH）溶解成饱和水溶液后倒入油中，油同氢氧化钠的比例约 100：6，用打蛋器先行搅拌一下，然后把 80℃左右的热水，适量加于油中，热水用量约是油的二分之一。然后用打蛋器打至油水溶融，完全混合。静置一些时间，可看到油水逐渐分离。下层为半透明的灰白色浑浊液，用玻璃管小心地把浑浊液渐渐吸尽（方法：右手握玻璃管，用大拇指压紧玻璃管上口，不要放松。然后将玻璃管插入油水之烧杯中直抵杯底，这时可将大拇指渐渐放松，眼看下层之浑浊液被吸入玻璃管。待玻璃管吸满，大拇指再压紧玻璃管上口，提起玻璃管。将管中之浑浊液放尽，如此重复直到吸完杯底之浑浊液为止。注意，上层之油不可吸去），再加热水如前洗涤后把浑浊液吸出，这样洗涤七八次，直至下层之水清明，用试纸测试呈中性为止。

盛油烧杯下垫石棉网板置于热源，徐徐加热，目的是使洗涤时残留在油中的水分完全蒸发。离开热源待油冷却，此时油微浑浊，这是因为硬脂酸微粒悬浮于油中。经过氢氧化钠洗涤之油，其中的甘油、硬脂酸等杂质基本清除，便可取得油酸。

把盛油的小烧杯放在大烧杯中央，再次将油加温至80℃左右，把空气泵的喷头伸入油中，开动空气泵将空气注入油中，油即呈泡沫状而膨胀，并溢出小烧杯流入大烧杯内，油溢入大烧杯内后，因无空气注入而回复原状，至小烧杯的油溢尽，再将大烧杯内的油倒入小烧杯，重新开动空气泵，这样经过五六次即可。在油中泵入空气的作用是使油尽量与空气接触，空气中的氧使油中一些物质氧化物沉淀，挥发性物质挥发，使油脱色除臭。此时油液清明，但尚呈黄色。

将大烧杯挪去，油温依旧维持80℃左右，投入20g活性炭，用玻璃棒充分搅拌后倒入真空过滤器过滤，所得之油，色素基本去尽，硬脂酸微粒亦被清除。

经过这样处理之蓖麻油已明净而呈微黄色，但随空气泵泵气时带进了微尘等杂质，所以最好还是进行一次热水洗涤——洗涤方法如前——不用氢氧化钠，然后加热把油中水分全部蒸发掉，再过滤一次。至此大功告成，把油密贮玻璃瓶中待用。

用上述方法制油，掌握油温是关键，洗涤要彻底，所得之油几乎无色，久露于空气也不会氧化变质。如稠度不符理想，可用加蜡法解决。1千克蓖麻油经精制后约可得净油500克。

朱砂的精制

有了质地很好的朱砂，必须要进行仔细碾磨（图38）和漂洗，才能清除朱砂中的杂质，并测定碾磨后朱砂粒子的粗细以备配合印泥之用。古人对朱砂的碾磨精制的方法基本类似，兹就其中典型的几家录于下，可以作参考。

1. 朱砂在药碾中碾磨，用细筛筛过，粗者再碾再筛，然后把细砂放在乳钵中乳过，再加入火酒（按：高粱酒）同乳，直到乳而无声为止。晒干火酒。再把细砂放入水中再乳，将

图38

浮于水中的细砂倒入容器，沉底者加水再乳，直到乳尽。把水分晒干，即成。（《摹印传灯》）

2. 朱砂用烧酒（按：高粱酒）洗过晒干，入药碾碾细，用擂钵细研，入广胶水少许再碾极细。以滚水投之，再擂十余下，将浮者并在一起，待沉淀去其黄膘，以清水淘之，待黄水既尽，晒干去其头脚用之。（《篆刻针度》）

3. 先把朱砂乳之细，欲栩栩然而飞去，则用烧酒同乳至无声。再用胶水少许，冲河水飞之，飞不下者粗也。再乳，飞至紫色者脚也，脚去之。乳砂，初下手如左旋，则自始至终须左旋；如右旋，则始终俱右旋，切忌一左一右。（《红术轩紫泥法》）

4. 研朱之法，不过取所备之朱，研之极细，丝毫无颗粒，已堪适用。（《篆刻入门》）

上述几家之朱砂精制，都存在一些问题。先以《摹印传灯》分析，此法无法去除朱砂含有的铁质和其他杂质；在漂洗时，水的浮力太小，要把比重大八倍的朱砂碾细到能浮悬于水中，则朱砂的粒子太微小了，此时的朱砂已失去朱砂古雅、沉静，带有微紫的色相而成偏黄的颜色，做成印泥随之失去宝贵的朱砂色。再则，这么多水分的朱砂浮悬液，要使之干燥也是一个大问题！

陈目耕所著的《篆刻针度》中记载的朱砂精制的方法，用广胶增大水溶液浮力来漂洗是科学的，但应用多少广胶才能使一定粗细的朱砂浮悬于水中呢？书中没有数据。因胶重则浮力大，朱砂粒子则粗；胶轻则浮力小而朱砂粒子细。研制优质印泥的朱砂粒子需要多大的颗粒，均以广胶的水溶液来确定，但这个重要的数据却没有流传下来。其次广胶必须用热水冲洗，手工操作困难，温度也难掌握。“将浮者并在一起，待沉淀去其黄磦”，如果没有广胶数量的水溶液，则热水冲磦也会部分沉淀，怎样去除？条例不明，“头脚”从何而来，铁质怎样清除，这些问题也都不清楚。

《红术轩紫泥法》中，关于漂飞朱砂，只说“用胶水少许”。但胶的种类很多，都有各自的性能和比重，在水溶液中的浮力也各自不同。一定粒子大小的朱砂，只能用一定品种和数量的胶水混合液来漂飞，所得朱砂的粒子大小才基本相同。如果换另一种等同量的胶水混合液，则所得朱砂的粒子大小就不同，记载没有说清楚品种和数量。“用河水飞之”意思是区别于井水——也许是因为为质量有差别。至于“切忌一左一右”，其中缘由并未说清楚，后人无所适从。

《篆刻入门》的记载太简单，只指明“研之极细”，没有标准，使人各自去理解，这种朱砂只能是粗制品，不符合研制油质印泥。

漂飞朱砂的方法，自古至今都是采用阿基米德浮力定律进

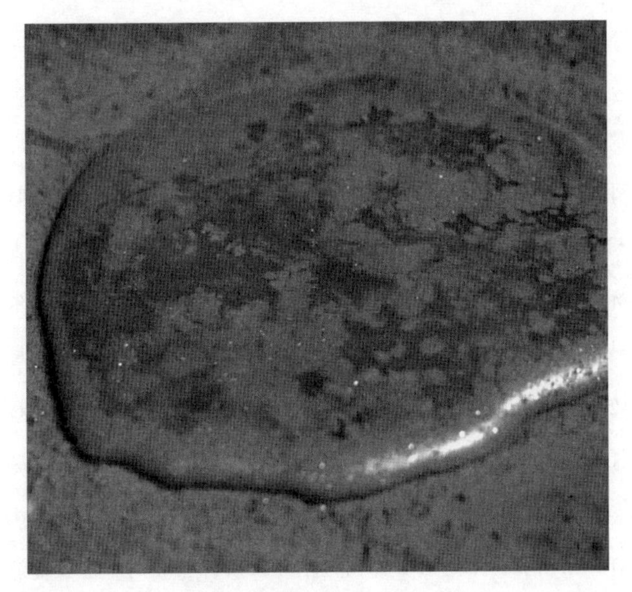

图 39

行的；漂飞也都用胶和水的混合液，不管你利用任何机械或手工把朱砂研细，都得经过漂飞，才能得到精制的朱砂。（图39）笔者随张鲁庵先生曾用多种方法研磨朱砂（手工研磨），都费工费时，如友人所说的“三百小时法”等。精制朱砂，采用下面的方法是比较可行的。

1. 先准备以下工具和容器：大型瓷研钵一只、1000cc 量杯一只、大型搪瓷白面盘一只、搪瓷白茶盘一只、玻璃一块（大小同盆）、玻璃棒一支、强磁铁一件、阿拉伯树胶若干。

2. 这些器皿彻底清洁备用。

3. 将原料块状朱砂放在强灯光下透视，选择质明净而呈玫瑰色的取出放入瓷研钵，加入清水（用水量以浸没朱砂即可，并记录水量）。用研杵缓慢而有力地研磨，朱砂渐渐研细，相应地水分随着朱砂被研细亦渐渐变干，因为粒子细了，占有水分的面积就大，混合物也随之变干，这时再加清水至朱砂润湿，要求在研磨时研杵不觉得被朱砂黏结。这样边研磨边加水（记录水量，以积累经验），直到朱砂研至色如红缎，视觉感到细腻无粗粒状。

4. 取清水 800 毫升，加入 5 克（约清水的百分之零点六）阿拉伯树胶，溶解后全部倒入朱砂，用杵稍加研磨使胶溶液与朱砂完全混合，静置数分钟。这时粗的朱砂下沉，细的朱砂浮悬于溶液中。轻轻将朱砂浮悬液倒入量杯中，在日光下透过量杯可见浮悬液混匀一片。再静置片刻，轻轻把浮悬液倒入大搪瓷盆中（注意：由于操作的关系，也许尚有少量粗粒沉于杯底，可将此粗粒倒入瓷钵中）。存于瓷钵内的粗粒朱砂，再进行研磨，再用百分之零点六的阿拉伯树胶溶液倒入，如上法漂飞。这样经过五六次，直到瓷钵内的粗粒成为紫黑色，弃之不用。一面将瓷钵和杵洗清揩干待用。（按：百分之零点六的阿拉伯树胶水溶液，用这个量漂飞的朱砂来研制油质印泥是可取的。在 20 世纪 50 年代手头没有仪器来测量黏度和粒子大小。）

5. 这时搪瓷盆中的朱砂浮悬液已积累至5000毫升，但只占盆的小部分，于是把清水冲入盆中至盈满，用玻璃棒在盆里搅动，使胶水混合，静置一旁，上盖玻璃，防止灰尘，约一昼夜或更长些，这时朱砂已大部下沉（因经稀释的溶液，浮力减小促使朱砂下沉）。把盆中上层不含朱砂的微黄胶水液慢慢倒去，要求不把朱砂带出。

6. 然后再倾入清水至盆满，再静置，静止时间较第一次短得多，（因浮力更小，沉淀加快），再把上层胶水倒去，这样经过五六次，水中的胶水已基本清除，朱砂中所含能溶解于水的杂质亦被清除。最好再用温水冲洗二三次，使残余的阿拉伯树胶全部漂清。

7. 将盆中潮湿的朱砂全部倒入搪瓷盆内，成薄薄一层，盘上盖玻璃并留空隙以利水分蒸发，同时防止灰尘进入。在日光下晒干，或加热微温干燥。干燥后的朱砂在瓷盘里会自动地干裂成一块块犹如碎瓷状。将朱砂倒入瓷钵，研成粉状，注意研时要慢，因朱砂粉此时已栩栩如飞，手势快了哪怕是呼吸也能使粉飘起来的。漂飞工艺至此全部完成，把朱砂收入容器密封待用。（按：也可以用氢氧酸洗涤清除铁质；但要经过洗涤多次，不允许残留氢氟酸，可用试纸测之。）

朱砂的精制工艺，随着科技的发展，将有更好的方法来取代古老的研磨，如用磨机就省工省时多了，但漂飞这道工序是省不了的。

即使我们买来的是朱砂粉，笔者认为也必须进行加胶漂飞，以取得均匀的粒子。

艾绒的处理

古人精制艾绒有多种方法，各家也各有偏重，在前文《历代厂肆述略》和《名家制泥之法》中，已详述其事。古人的制艾方法，概括来说有三种：一种是主张不用水洗；另一种则主张用水漂洗；再一种则主张要用胭脂、红膏子之类染红。依笔者所见，精制艾绒而“不宜见水”则艾绒所含杂质无法去除；而主张用水浸洗的和反复搓擦磨乳、筛弹揪绷，这样的加工，

图 40

艾绒的纤维是承受不了的；再有一种主张用胭脂、红膏子之类把艾绒染红更不足取。艾绒在印泥中的作用是作为油朱的载体（即所谓衬胎）存在，而朱砂本已艳红，艾染红了决不会使印泥增添艳丽，而胭脂含有油溶性物质，会污染油剂。艾绒纤维是很柔弱微细的，印泥用艾绒，要求纤维有最佳的物理性能（图40），所以在精制艾绒的过程中应尽量避免人为损伤。如此反复搓擦磨乳，纤维怎么承受得了，且精制艾绒也不必要如此加工才可以纯净。

关于艾绒，鲁庵先生在1930年5月有以下记载："漳州艾丝头长，以制印泥无出其右。余用日本艾、慈溪野艾，皆以丝短不能适用，徒费精神而已。今将艾绒采法、制法略志一二，以备参考。日本艾绒，上海北四川路日本书坊均有出售，形如白棉花且带黄色，价每两一、二角。余曾用清水漂净，沸水煮过，晒干，然后应用，但丝头太短不如漳（州）艾。宁波慈溪艾，至清明后十余日采乡间田野中（俗名艾青可做青团子吃）。独留老叶，晒干后用木杵杵碎，米筛筛过，去其叶中渣灰，入淘箩用手摩擦，灰屑尽去。沸水煮三、四个小时，清水漂一、二日，晒干后再入淘箩筛擦至柔如棉，淡黄色，可以应用。比日本艾丝头稍长，但始终不如漳艾。浦东产者甚多并设厂制造，商标鸡球；南市城隍庙前街如大吉祥、大吉愿店均有售，每封重一斤，二元，灰屑未除，需要加工，尚不如日本、宁波产者。漳州艾，产福建漳州，杂货店均有售，价每两一元之间，加工后试制印泥，成绩极佳，丝头约寸许。

艾（图 41）：又名酱草、黄草、艾蒿，菊科，多年生草，高二、三尺，叶互生，长卵羽状分裂，叶背生灰白色密毛，花淡黄，花序皆筒形，嫩叶供食用药用，老叶可制成艾绒。艾产于汤阴者称北艾，产于四明者称海艾，而以产于蕲州（湖北蕲春县）的为最好的印泥用艾绒。艾的成分为纤维素、叶绿素、水分、油脂、蜡质和灰分。制印泥所用的是纯净的纤维素，因此必须把艾叶的其他物质完全清除，而又要求尽力使纤维素不受到损伤。

1931 年鲁庵先生与化学家陈灵生试验制艾有以下记载："采艾叶不可过嫩，亦不可过老，嫩则纤维太弱，老则纤维太老（按：拉力太低）均不可用。摘去青叶中梗筋，浸于纯酒精中去其叶

图 41

绿素及油质，即为淡黄色之叶。用清水洗涤，愈净愈好。”艾绒依产地和品种的不同而异。印泥所用的艾绒，其纤维要求在一寸左右。就笔者所知，只有蕲艾和漳州艾为最佳。还有一种产于云南宜春的，艾绒有长达三寸的。20世纪50年代邓散木氏得之赠与张鲁庵氏，张氏未试制印泥转赠与笔者，经漂洗后制得之印泥尚佳（这已是20世纪70年代之事）。后来，唐云先生亦得此艾绒赠笔者，曾为先生制印泥，质地也很好，值得人注目。艾之精制详述于下：

艾叶要选用艾植株中段之叶，因中段之叶比较厚壮。植株顶部的新叶较嫩，根端的太老。采摘艾叶约在端午节前后，这时艾长势已成熟。采好艾叶不久即已进入炎夏，正是精制艾绒的好时节。先把采好的艾叶用清水洗去泥灰，初初晾干，细心地把叶中的硬梗抽去，在烈日中把去梗的艾叶铺开，曝晒一天收好。隔天再晒一天。如天气晴好三天晒下来艾叶已很干燥。此时艾叶卷收，用手轻捏，叶绿素会纷纷落下。取竹制旧淘米箩（必须要旧的，但不能有破隙，因为新的竹丝会刺手，也会损伤艾绒）。放入艾叶轻轻揉搓，要有耐心，反复揉搓，艾叶的固体物成细粒从竹箩缝隙中落下。当天未擦净则明天再擦，直至黑星搓擦净。此时纤维呈线条型淡黄色，柔软如棉，但有些细屑杂粒尚嵌裹在纤维中。这时可以把艾绒抓起来，向箩中甩掷，则艾绒会蓬松，残余细屑也自然掉落，直至黑星全部清除为止。

艾绒之黑星清除以后，尚存在脂、蜡及残存之叶绿素，也必须彻底清除。这些物质用肉眼是很难观察到的。这些物质一旦混入配合的印泥之中，脂蜡和叶绿素会溶于油剂中，污染印泥，使所钤作品日久后泛黄。因此为保质起见，必须进行清洗。用弱碱性的硼砂和艾绒一同放入烧杯（艾绒一两约用硼砂三钱）加适量清水煎煮半小时，水色呈黄浊。然后倒入淘米箩用清水漂洗干净。再用硼砂煎煮，再漂洗。经过两次洗涤，所有脂蜡及残存的黑星彻底清除。但尚有少量叶绿素存在。

将晒干的艾绒放入烧杯，取适量酒精倒入烧杯，淹没艾绒，用玻璃棒轻轻搅拌数分钟，静置一天，再用玻璃棒搅拌后静置两天，使艾绒中的叶绿素及能溶于酒精的物质完全溶解于酒精。最后把艾绒捏干放在箩中用清水漂洗，务使所含酒精彻底漂净。再在烈日中晒干，收储于玻璃瓶内，紧密瓶口待用。

洁白的艾绒中不允许细屑杂质存在，如果有细屑夹入印泥，则细屑会吸收油剂而膨胀。在配制时少量尚可清除，量多了则很难收拾，会影响油剂的用量。如此配制而成的印泥，日后会变得干燥，阻碍上印和落印的效果。所以使用印泥，一定要不怕麻烦，勤盖印泥缸盖，防止或减少灰尘飞入。

有人建议用漂白粉把艾绒漂白，或用洗涤精洗涤艾绒，可以省工省时间。此法不足取。因为任何植物纤维漂白都会损伤纤维的拉力。而且为了清除艾绒中漂白粉所含的氯，也需用大量工夫。非但得不偿失，而且一旦有残余的氯留于艾绒纤维，配制成印泥，艾绒日久会变脆，使印泥不能使用！我们常见有些漂白织物，时久了会泛黄，就是氯残留其中的关系。

原料配合法

印泥主要是由油剂、朱料、艾绒三者所混合而成，但必须把三者经过精细加工后才可使用（图42）。在精细加工过程中，经验会告诉你油剂黏稠的程度。朱料的颗粒粗细如何、艾绒纤维的柔硬和长短怎样，这些经验很重要，关系到把这三者混合在一起所用数量的配比，也是研制优质印泥的关键。配合之数量恰当，则使用时印文字口清晰，不露底（遮盖力高），连钤数十次也不会走样，严冬酷暑使用方便。配合之数量不恰当，虽然尚可用，但效果降低。

在配合之前，有几个情况必须理解清楚：

1. 一定量的油剂、朱料，在艾绒缺少时，泥质过湿，会使

图 42

油朱上石量多而粘印，或使所钤印文字口不清。这种印泥搁置一段时间，艾绒作为载体承受不了油朱，而发生油浮朱沉或油朱混合物上浮的现象。反之，艾绒超量时，泥质过于干燥，则以至使用时油朱很难上石或上石太少，钤出的印文太薄而露底，也不能显现艳丽的色泽，整个印泥看上去很粗糙、干巴巴。

2. 一定量的油艾，在缺朱料时，钤出的印文朱色不艳并露底，印文渗油严重。

3. 一定量的朱艾，在缺乏油剂时，则黏结力降低，很难上石，钤出的印文现得不润，印文也经受不了人为的反复接触，容易脱落。

4. 油朱混合的比例（以重量计），须视油的黏稠情况和朱料颗粒大小而定。一定大小的朱粒，如油剂的黏稠度低则所用油剂应减少。反之，油剂要增加。因为油剂黏稠度高，粘涂上朱粒的油剂的量就多，因此油剂的量就须增加。反之，油剂黏稠度低，粘涂上朱粒的油剂的量就少，因此油剂的量就相应减少。

一定黏稠度的油剂，朱粒粒径越小，其量应减少；朱粒粒径大，其量应增加。

以上一定量的油朱、油艾、朱艾是指配合准确的比例。油朱混合的先决条件，必须符合阿基米德浮悬定律。油朱混合的比例是配制优质印泥的灵魂，是决定泥质是否细腻，是否发生油浮朱沉的关键。印泥的使用是否得心应手，印文的厚薄是否符合自己的要求，渗油的现象如何控制，都可以借助艾绒来调节。总之，油、朱、艾的用量关系是既可独立，又相互关联的，决定了其中之一的量，其他两种得配合恰当，才能得到优质印泥。

鲁庵先生在印泥如何配合方面作如下的论述：印泥欲颜色鲜艳，全在选择颜料；冬夏不变，全在油性稳定；细腻光泽，全在艾绒柔和；印于纸上薄而均匀，不干不湿，多印不粘印文，全在配合适当。兹就余经验，略述于下：先将制就的油、艾、朱砂称准分量，大约朱砂 100、油 18、艾 1.5。理松艾绒，投入朱砂，储玻璃瓶中，猛烈摇动，使与朱砂充分混合，即见艾绒体质粗大，即是朱砂细粉充满艾绒纤维之证。倒入瓷钵，加油少许成半干粉状（图 43），用力捣拌。捣匀后，逐渐加油，随捣随拌，至柔和软热，细润光腻，色如红缎，稠韧如面筋，而无块状，可以告成。

上述为鲁庵先生的印泥制作手工技艺，后来觉得这样配合费时费工，并且只适合于少量制作，经过实践，把艾、朱混合改变成油、朱混合。这个改变，既节省了工时，又提高了印泥

图 43

质量的观感，前提是必须把油、朱搭配的比例做到准确无误。

根据本书《原料的加工精制》一章里的方法，所制得的油、朱、艾，配制成印泥的比例是朱砂 100，油剂 22，艾 1.8；如果颜料是朱磦，则油剂增加到 30，艾绒可增加到 2.0 左右。原因是朱磦的颗粒较小，这个比例不一定精确。因为在精制原料的过程中，人为的因素，和原料质量的高下，使获得的精制品有所不同，但是以此比例配制的印泥基本上是成功的。如果发生一些差异，只要稍微调整即可。建议在试制时可以从少量入手，碰到问题，可以在油、朱、艾三者中找出原因，微调其比例，待少量成功了，即可放量如法制作。

印泥配合前，要准备以下工具仪器：洁净瓷钵、瓷杵一套，大小印箸各一根，小弹弓一把（自己制作，如同弹棉花的弓），百分之一克感量的天平一架，表面玻一块（称量用）。（图 44）

把朱料和蓖麻油称准分量，朱料全部倒入瓷钵，加蓖麻油约三分之一，用大印箸先拌和油朱，然后用瓷杵缓缓碾磨。要

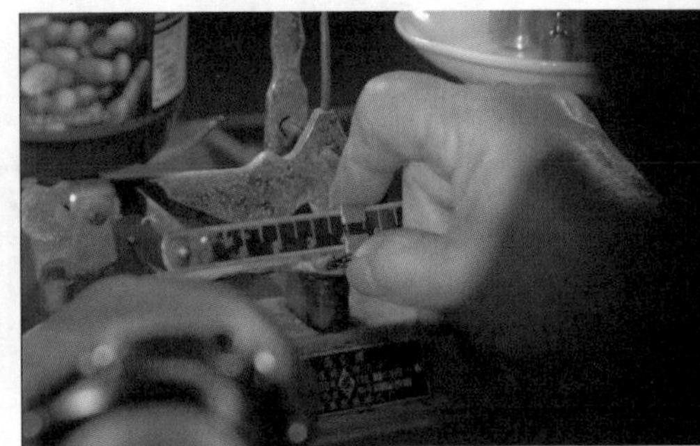

图 44

求尽可能不使油朱延伸，弄得满钵满杵都是，造成浪费和不洁。随着不断碾磨，油朱渐渐混合，像很干的面团。继续耐心用力碾磨、拌捣，直到朱料如湿润的散沙一样。这时朱料的粒子全部打散，于是把另外三分之二的蓖麻油全部倒入，继续碾磨、拌捣，至色如红缎，柔糯可爱，毫无颗粒状（图 45），试用一簇滴在玻璃上成锥型，静置数天不变性、不渗油，证明油朱已完全融合，然后才可把艾绒理松逐渐加入。

把称量好的艾绒用小弹弓轻轻弹松，或用手仔细地理松，然后以少量加入油朱，用瓷杵轻轻上下捣搨（不可碾磨），使艾绒纤维逐渐拉开吸收油朱，然后再加入少许，如法捣搨，直到全部艾绒投入（切不可一次全部投入，造成艾绒成团而拉不开，反而多费工夫）。这时泥质看上去还粗糙，有“干”的感觉。此乃艾绒尚未拉开之故，应继续轻轻捣搨，泥质亦渐渐细

图 45

图 46

腻、柔糯，表明油、朱、艾三者已充分混合。捣摫印泥最费工夫，要耐心而轻轻地进行，以防艾绒纤维拉断，捣摫的次数越多越好。

制就的印泥依旧放在瓷钵中，用盖子密闭静置一星期，使艾绒吸足油量，并使捣摫时混入的空气泄尽。用印试钤，如尚觉干燥，可加油少许，再捣摫一时，然后移至瓷质印泥缸中，至此大功告成。（图 46）

精制的蓖麻油如果（黏）稠度不理想，可以用蜂蜡（黄蜡）或川蜡（白蜡）来调整。蜂蜡为构成蜂巢的主要成分，比重 0.95—0.97，熔点 65℃—67℃，不溶于水。（图 47）在空气中稳定，难于皂化，不变质。在常温下为固体，中性，不畏酸碱，质软。由于具有这些性质，蜂蜡历来被用于调节印泥油剂的黏稠度。我这里尚存有百数十年前的蓖麻油，其中就含有蜂蜡或川蜡的成分。川蜡是我国特产，以盛产于四川而得名，亦称虫蜡，因乃白蜡虫分泌在其所寄生的女贞树或白蜡树枝上的蜡质。商品

图 47

川蜡颜色由淡黄到白色，呈纤维状粗结晶，分米心和牙口两种。熔点 80℃—83℃，比重 0.93—0.97（15℃时）。川蜡硬度高，熔点高，流动性好，有光泽，但性脆且收缩率大，不宜单独使用。白蜡加入蓖麻油，处理时如温度不够，日久有部分从油中析出。但色洁白，透明度好，对朱料色泽无大影响，是其长处。蜂蜡性软，溶于蓖麻油后很稳定。但其色黄，遮盖率高，对朱料呈色有影响，是其短处。

白蜡从树上采集后，在热水中溶化，洗涤多次，去尽杂质、糖分、酯类，最后过滤，必要时可漂白。白蜡一般都经过精制出售，使用时看质量而决定是否需要经过漂洗。蜂蜡漂洗，可采用自然洗，此法较简便。取蜂蜡先在清水中漂洗，然后投入热水中使其溶解，蜡即浮于水面，蜡中的糖分和水溶性杂质溶于水中。待热水冷却，蜡又凝结浮于水面。把水倒去，加清水加温再使蜡溶解，然后待水冷却，把水倒去。如法经过五六次，水洁而无甜味，把蜡取出放在容器中逐渐加温使其溶解，旁置一盆冷水，把溶解之蜡缓慢倒入冷水中，一面用玻璃棒在冷水中搅拌，这时蜡即似雪花状浮于水面。取出松散之蜡放于竹筛内晒至干燥，色呈微黄。如果在炎夏，晒时可用瓷盆，因气温高，蜡易流动，竹筛有筛眼会流失。

经过精制的蓖麻油中要加多少蜡？这要根据蓖麻油的稠度和朱料颗粒之粗细而定。朱粒粗，则要求油的稠度高一点，蜡就多加一些，以增加油的浮力。反之，朱粒细，蜡少加一些。一般为百分之二至百分之四。如加蜡过多，则制成的印泥所钤出的印文会有蜡光，掩盖朱色之艳丽。蓖麻油加蜂蜡的温度应不超过100℃，加白蜡则不超过95℃。温度过高会影响油的色泽。注意要充分让蜡和油溶融！（图 48）

图 48

成泥的贮藏和使用

优质印泥的研制是一个较为复杂的过程，从选择原材料开始，经过精加工，耗时费力。接着在配合时搗搨的过程，其手法、轻重都要用“精细”两字来处理，在心态上决不能抱“急功”奢想。应按部就班不慌不忙地进行。所以制就的优质印泥，需要使用者倍加爱护收藏。优质印泥的使用可历经漫长的岁月，有的历经数十年尚在使用。在这漫长岁月里，如果使用马虎，储藏不妥，势必使印泥受到污染，甚至变质。这是非常可惜的。

优质印泥必须用无冰裂缝的瓷质印缸储藏（图 49），尤以瓷和缸内面为白色的为佳，忌用其他质地的印缸。金属制的都会发生氧化，氧化物渗入印泥会败坏印泥。紫砂制的，其紫砂本身就存在微透气性，放入印泥后，印泥中的油剂会被紫砂吸收而使印泥干结。玻璃水晶制的，在气温爆冷爆热时，空气中的水分会凝结于器皿之上而渗入印泥。印泥缸的形状应取扁圆，印泥缸的盖背要高，约占缸高的三分之二，这种形状的印缸，在蘸印泥时，可自由移动。另外，蘸印泥时，随着印章的上下拉动，常使印泥向上移位。如果缸盖不够高，则常使印泥沾污缸盖而浪费。印泥缸的盖和缸体要紧密，使用时要养成勤盖的习惯。不要敞开太久，以防灰尘水汽侵入印泥。要知道一两印

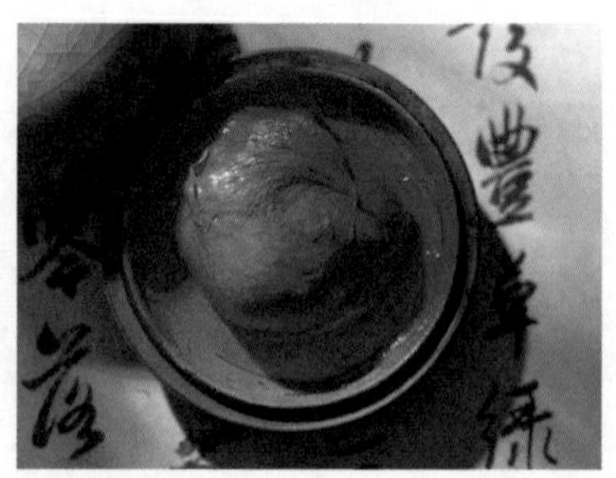

图 49

泥一般可钤二三千方印蜕。每开缸一次，难免总有灰尘落下，几千次累计，灰尘量是很“可观”的。如果再有不勤盖缸盖的习惯，那就成问题了。印泥珍贵，无故受损很可惜。

印泥装缸不要平铺，而要堆成馒头形于印缸的中央。四周留有间隙。这样堆放有三个优点：

1. 可养成在使用时不使印泥沾到印缸边的习惯。保持印缸整洁。蘸印泥时也可避免印与印缸边缘相碰。

2. 印泥长久不用，如 1—2 年，油朱会少许上浮。判断是否发生这种现象，只要观察印缸四周空隙之处即可。如有，则用竹箸翻拌；如无，则可继续使用。

3. 印章蘸印泥时，印泥会随印章上下波动，使整团印泥发生上下移动。油朱也随之发生扩散移动。这是优质印泥的必然现象，不需要用竹箸经常翻拌。如果印泥是平铺的，或者使用不当使原来馒头形状的变成平铺的，就会使油朱失调，使用不能得心应手。所以印泥要始终保持堆在缸的中央。

优质印泥在室温下都可使用。过了黄梅天，在天气晴朗时应把印泥放在太阳下暴晒一时，以去尽水汽。如果印泥在比较长的时间内不用，建议用透明胶带把印泥缸密封，以防水分和灰尘进入。

印泥珍贵，使用时还应注意以下几点：

1. 一幅作品或文件在钤盖印章时用的印垫也有学问，一般垫上三层卡纸（图 50）。卡纸有硬度，但也有弹性。足可以使印章上的印色很踏实地转移到所钤盖的作品或文件上。如果印垫太硬，钤盖者又不熟悉印章刻面的情况和应用力的轻重，往往会发生朱文变粗，白文变细。钤在作品或文件上尚可过得去。如果作为后人学习的范本，则会误导学者。如果印垫太软，印章上的印色与作品或文件就不很“吃肉”，不能完全把印色转移到作品或文件上，所盖印蜕会露底或容易擦糊。

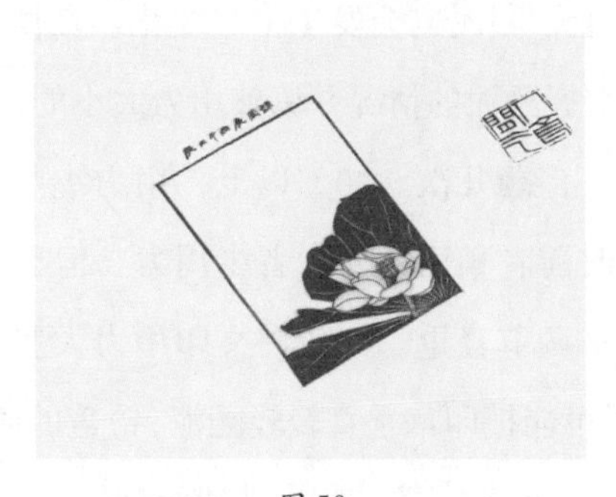

图 50

图 51

2. 印章的图文是否如实地显露在作品或文件上，除了印垫软硬的关系，尚与印泥的干湿，钤印者的手势及力量有关。鲁庵印泥的配方是恒定在室温 25℃上下研制的。如果气温在 10℃以下或 30℃以上，印泥也会发生干湿变化。在使用时，熟练的钤印者是能够掌握蘸泥的情况并调整用力大小的。即 10℃以下，蘸泥用力稍大，多蘸几次。30℃以上，用力小些，如蜻蜓点水般即可。钤盖时前者稍用力，后者少用力。但也要看印面图文和篆刻者风格来调节轻重。一般白文印用力大些，朱文印用力小些。用印时尽可能把印章垂直轻轻蘸泥，钤盖的印文才不走样，也可减少印色进入印底，擦抹印章造成浪费。

图 52

3. 要养成良好的用印习惯，不要马虎或急躁使用印章。因为一幅作品要保存漫长岁月，文件也要存在数十年，务使所钤盖的印蜕端正、稳重，起到画龙点睛的效果。钤盖印章不仅仅代表作品为你所作，更应注意到钤盖的印蜕的质量和位置会影响作品的意境。这是毫无疑问的。（图 51）

4. 印章只能用一种印泥，用后印章应收归清洁的盒子里，以待再用（图 52）。有人主张印章用后就应揩干净，似不必要，只在于要保持印章洁净即可。多揩印面，印文易损。如果改用另一种印泥，则须用弱碱性洗涤剂洗涤印面。两种印泥混用对印泥害处极大。印泥使用长久，油朱减少，如要修制，则须用同样的油朱才可。

鲁庵印泥

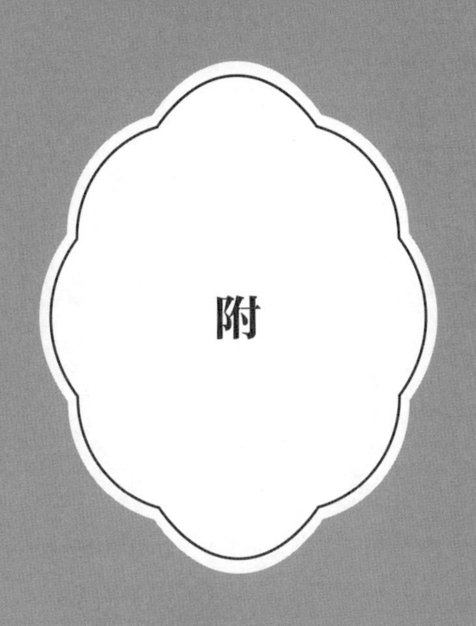
附

魯庵印泥

《鲁庵印泥制作技艺》出版后记

20世纪90年代初，余受上海书画出版社之组稿，为“篆刻入门丛书”之一的《篆刻器具常识》一书，共撰写“印泥”“印材”“工具”和“印钮”四个部分，其中“印泥”是该书的重要篇章。因为历史上有关印泥制作和传授都缺乏全面而具体的阐述，有些论著，即使具备了程序和数据，后人如法炮制，结果在质量上也发生了问题，很难步入研制印泥的成功殿堂。在方去疾的鼓励下，要求我将学得的鲁庵法作出通俗而系统的论述和心得，以利有志于此道者得到入门的知识及进行实践。

关于我学得的鲁庵法，屈指算来，那应该是六十年之前的事情了。我得田叔达先生和张维阳先生之介绍，与张鲁庵、王福庵、秦康祥诸先生相识，旋即进入“中国金石篆刻研究社”，任秘书长张鲁庵之助理。其时共有本埠社员七十九人，外埠社员三十一人，如王个簃、方去疾、来楚生、马公愚、陈巨来、叶露园、钱君匋、钱瘦铁、邓散木、朱其石、单孝天、沙孟海、沙曼公、方介堪、韩登安、朱复戡、张寒月、黄葆戉、陈半丁、诸乐三、高式熊、陈佩秋、唐云、白蕉等，都是名重当时的大家，过去的西泠印社也无如此之阵容（按：西泠印社已停止活动）。他们经常带作品和藏品来余姚路134弄6号（社址）相聚，由我用鲁庵印泥钤印和拓款，相互观摩、切磋、论证，气氛热烈。我有幸在这个环境中滋养我对金石书法篆刻的学习，加上尽观鲁庵先生所藏印谱，这是我终生难忘的一大亮点。

鲁庵先生患有糖尿病和肺结核，体质衰弱，但对工作一丝不苟，待人热忱而不吝啬，只要他能胜任的，有求必应。社中之通讯、月报、年报等，多由他指导、口述，交由我编写成稿。然后他自用铁笔刻上蜡纸，印发社友。每到节日，社中总要把集体创作的有关纪念的印章，经钤拓，装裱送党政机关。我的日常工作除此之外，还包括收集金石书法和篆刻的资料，社员的动态，汇总待用。空闲时常聆听他讲述书画界的掌故，并在他指导下研制印泥，以解同仁们之求。研制印泥，开始我不求甚解地只听从鲁庵先生的指导，从不过问“为什么”。在实践中我渐渐产生了疑问，反馈到鲁庵先生处提问。他总是不厌其烦地按题讲解道理，有时还手把手地赐教，这样日积月累，尽得研制鲁庵印泥的技艺。当时我只觉得应该学会这门技艺，因为篆刻艺术离不开印泥，根本不会想到传承的理念。1965年7月我回上海，知道鲁庵先生在1962年病逝，夫人叶宝琴把鲁庵先生所藏印谱四百余部、印章一千余方捐献给杭州西泠印社，得奖金二万元。夫人把这笔钱连同老用人阿余存的六千元，放于银行保险箱（按：后在“文化大革命”中充公）。奇怪的是，西泠印社却把鲁庵先生毕一生精力研制的印泥弃而不要，惜哉！而偌大一个金石书法篆刻社也像烟消云散，不知所踪。数十位金石书法篆刻大家，现在除极少数几位尚健在外，他们都同金石书法篆刻社一样人去楼空、飞升极乐，但留下的作品传递不减。金石无量寿，真其然也。

我回上海后，接着而来的是友人们向我索印泥或携来旧印泥要求修复。越年，“文化大革命”开始，社会躁动，人文交往沉寂，我只能蜗居斗室，但来求我所制鲁庵印泥者络绎不绝。在美国的张大千委托澳大利亚驻上海的领事馆秘书来求索。上海博物馆、刘海粟、钱君匋、程十发、唐云、王个簃、乔木、房介复、富华等都来索取。加上对书法篆刻的学习研究，生活得虽足不出户但尚不寂寞。到20世纪70年代，社会躁动有所降温。一天下午，我到余姚路164弄6号鲁庵先生家探望夫人叶宝琴。哪知刚进弄堂，门房间一位大姐问我去哪家，我如实说了。那位大姐告诉我，师母已于前年病逝。子女们都划清界限，孤苦伶仃，无人照料，逝死后，连遗体都由居委会去火化的！哀哉！

“文化大革命”结束，杭州西泠印社准备恢复印泥生产，邀我前去指导。我无偿地以鲁庵印泥法授之。当时参加者有李新兵、董文娟、俞杏林、小琪等六七人，都是生手。我在西泠耽搁了八九天，悉心指导。接着上海旅游服务公司与上海长宁美术服务部联手创办“东艺堂”，主营印泥。特聘我为高级技术指导，研制大规模生产印泥，我在鲁庵法的理念基础上创新，除配合部分外都实现了机械化。1988 年 2 月高式熊来信，他受西泠印社余正之托，希望我接待日本札幌市金石会会长松仓晴海，并同意卖一些印泥给他。后来吴长邺也介绍二位日本人来我处，由长邺带翻译前来了解鲁庵印泥之事。对待日本同行，我只能晓以朱砂艾绒、油剂三原料的作用而已。

2009 年 2 月鲁庵印泥登录“国家级非物质文化遗产”项目，我荣幸地参加了在北京召开的“中国非物质文化遗产传统技艺系列活动”，并获得“鲁庵印泥”代表性传承人的荣誉称号。

此书是在《篆刻器具常识》一书的“印泥”部分的基础上写成的，但充实了对印泥的研究和制作，以及我个人 60 年得研制鲁庵印泥的过程。其中不无有欠缺或讹误之处，尚祈阅者不吝指教，赐教。

所有插图之摄影，均是高寿耆世兄完成的，在此一并致谢。

半夜梦回，常思往事，谨以此书纪念已逝去 50 年的张鲁庵先生和师友们。

2011 年 4 月 1 日岁次辛卯

2 月 28 日雪之符骥良记

鲁庵印泥之特点及制作标准

张鲁庵先生说："余喜书画篆刻之学，见乡邻洪先生书画图章，印泥颜色鲜艳夺目，云是漳州魏丽华出品。适有亲戚，福建经商，托其购得二盒，颜色鲜艳，不粘印文，且能冬夏不变，绝无凝冻走油之患。思欲仿制。读《篆刻针度》诸家制法，炼油、治艾、漂研朱砂，几经寒暑，多次试验，总觉与魏丽华斋所制不能相同，旋即聘请化学、物理专家一同把史籍上所载有关制作的项目，逐条进行科学分析，试验，把不科学的、以讹传讹的给以纠正……"

鲁庵先生毕一生大部分精力，投入巨大财力在研制印泥上，从选择原材料、利用他开设药材行的便利条件，例如他选用朱砂标本，叫行中老师傅依标本从数百斤统货朱砂中选取，古书上所说制印泥油所用的药材，都用最好的来试验。他从 1930 年至 1948 年共进行了五十余次有记录的配方，无记录的据他告知达数百次之多，这是前无古人的、空前的研究印泥的创举。鲁庵先生是篆刻家，篆刻资料的大收藏家，又是西泠印社早期社员，刻有《仿完白山人印谱》拓本行世，收藏珍贵印谱四百余种，秦汉以下的各类印章二千余方，结识许多这方面的师友共同讨论研究，经过日长时久的实践，才能具备认识，诠辨印泥之优劣，才能制造出优质印泥，如果不是行家，没有孜孜不倦的研究心态和锲而不舍的精神，并有生活方面的条件，要懂得印泥的优劣及制造优质印泥各方面的进程是不可想象的。所以“鲁庵印泥”驰名中外，为艺林所重，得者奉为至宝，是有其成功的客观条件的。

鲁庵印泥制作过程有其独到的一面。鲁庵不轻信某家之言或传载之说，而用科学实验或亲眼所见为实，来确定所用之原材料，现将鲁庵先生对颜料、油剂、艾绒三种主要材料的选择述于下：

朱砂　鲁庵叙说：制红色印泥，只有用朱砂这种无机颜料为最好。朱砂，亦称辰砂，化学成分为硫化汞（HgS），三方晶系，晶体呈板状或菱面体状，集合体常呈粒状、块状或土状，半透明，有金刚光泽，硬度2—2.5，一个方向的解理完全，比重8.09—8.20，硬度2—2.5仅产于低温热液矿床，常与辉锑矿等共生。湖南辰州产最佳。朱砂为古代最早使用的红色颜料，不被酸碱侵蚀，曝于日光亦不褪色，折射率高、遮盖力强、耐水浸，经烈火纯净者化为气体，出土之数千年前之甲骨上有的尚留有红色文字，即为用朱砂所写，为红色颜料中最高之品。现在有人工合成之硫化汞，市售称谓银朱，性能与朱砂相同。尚有几种无机性红色颜料，如镉红、锑红、铅丹、铁红等均能历久不变，但颜色不甚鲜明。红色的色光波长在可见光波中是最长的，是颜色中最具活力，最有视觉冲击力的色彩，世界上绝大部分国家的国旗上有红色或以红色为主。红色体现官方权力和意志，历史上中外皇帝以红色作为尊严的色彩，在运用上有明确的限制，在服饰和建筑上都有规定。我国春秋时代规定只有皇宫建筑柱子才能用红色，唐朝限定红色为五品以上官员的官服颜色。红色是人类在绘画上使用最多、时间最早，保持最久远的色彩。我国艺术家以不同方式表达对红色的重视，同“惜墨如金”一样只在关键处使用红色，红色的印章就是例证。艺术家的作品只要有一方小小的红色印章就可以起到举足轻重的平衡作用。国家政府官方使用的印章则一定要使用最好的红色印泥，所钤印章才能显得庄严和权威。鲁庵对红色颜料进行研究、实践外，还对石青、墨煤、赭石、雄黄、石黄、铬黄等都查阅过大量资料，请教专家，比较研究。为了使色质更加艳丽，进一步研究德国和美国所制的沉淀色质颜料，这种颜料与无机性颜料比较，则不但色彩鲜艳，且着色力亦较强，但不耐晒，遮盖力较差亦是其缺点，只可作调色之用。

油剂　鲁庵先生先列出印泥用油的质量要求，然后筛选哪一种油最符合这些要求。这种油必须永不干燥，黏稠度高，受气温高低影响小，绝无侵蚀性，不易渗纸，历经年代久远绝不变质。在植物油中有三大类，即不干燥性油、半干燥性油、干燥性油。不干燥性油有杏仁油、花生油、茶油、橄榄油及蓖麻籽油等；半干燥性油有棉籽油、玉米油、芝麻油、巴豆油、菜籽油等；干燥性油有亚麻仁油、大麻油、桐油、胡桃油、豆油、葵花籽油等，在这三大类中，只有不干燥性油才可作印泥之油剂，但不干燥性油中，其性质也有所不同，花生油凝固点高，受气温稍低易硬结，杏仁油、茶油、橄榄油凝固点低，物理化学性稳定，但稠度很低，比重小。只有蓖麻籽油能够符合质量要求：制成印泥黏稠度高，易与颜料、艾绒充分混合，有黏结力；比重大则浮力强，抑制油浮朱沉；凝固点低，在严冬不冻结，受气温变化的影响小；碘化值低则油不干燥，且其性稳定不发生变化。他有二瓶二三百年前的蓖麻子油作标本，一瓶是其师赵叔孺所赠，另一瓶为王福庵所赠，其中一瓶转赠与我，现尚在，为清道光时之物，质量不变，这是实物证明。鲁庵认为其他不干燥性油经过精制也许能增强各方面的性能，只是未进行试验。鲁庵说，近有人以动物油加入蓖麻籽油制印泥，可增大稠度，1953 年秋，他在北京，马叔平嘱他试制，回沪后即用猪油加以试验，觉猪油性质遇冷即凝如脂，稍热即稀如水，极不稳定，似无可取。他查阅动物油中的不干燥性者，只有鲸脑油、牛蹄油的凝固点最低，此两种油乃精密仪器机械作润滑之用，似可作印泥，当时由于价格奇昂，故未试制，引为憾事。还有一种叫阿利因纯净油酸，价稍廉，曾购自药房做试验，颇合条件，唯稠度不足，以加蜂蜡制成印泥，至今二十余年，没有变态。鲁庵对古人制印泥用油，逐字逐条进行研究，并给以评论。如对明代万历除上述著《印法参同》所载，作“熬油以无烟侯，已知火力不可过高，入白蜡系增稠度，入血竭、白及不知何用”。对清康熙年间汪镐京《红术轩紫泥法》，作“此条独用蓖麻油，入瓷盆晒，即日光漂白，但十二味中药（放入油中）作用如何，殊难索解。（骥良按：欲以中药的药性来改变油质是不可能的，因中药的药性是对人体而言也，污染油质也。）对清康熙周廷佐《文雄堂印谱》所载，作“用麻油，但麻油为干燥性，凝固点高，是否经此药制过能否成不干燥性尚不可知。黄蜡能增稠度，白蜡则在冬天更易凝固，日久分离浮起……”对清康熙陈目耕《篆刻针度》等都作科学分析，纠正了古人说蓖麻油日久变黑，芝麻油、茶籽油泛黄等等，鲁庵做过详情之研究试验并得出结论。

艾绒　鲁庵先生对艾绒方面做以下论述：印泥为油、朱、艾三者之混合物。油轻朱重，混合后势必油浮朱沉，只有用艾绒把两者调和，使油朱各得其所。艾绒为植物纤维，制印泥无出其右，纤维细而且软，松散而不结，与油朱混合能成细腻泥状。最佳者出漳州，其纤维特长。凡植物都有纤维，但均不及艾绒所制印泥柔软，用其他纤维如棉花、鼠麹草、蚕丝、灯草所制印泥粗糙而板结。

以上是鲁庵先生对油、朱、艾三者的认识，先有此认识而科学地总结其优劣，然后才形成“鲁庵印泥”制作的一系列程序。以下是他精制油、朱、艾的论述：

蓖麻子油精制　以蓖麻子油制印泥是最佳油种，价廉物美也。蓖麻子含油量34—53%，成油的比重0.950—0.970、折射率1.478—1.479、凝固点 -10℃—-18℃、稠度1160—1190（37℃）、醋酸值149.9—150.5、碱化值176—186、碘化值83—87。蓖麻子油稠度高能使颜料与艾绒充分混合，有黏结力；比重大则浮力增强；凝固点低在严冬不会冻结；碘化值低则不干燥。榨油有两种方法，一为不去壳而压榨之，一为去壳磨碎后压榨，去壳压榨者色淡而品质高。又有冷榨和热榨两种，以冷榨者为优。蓖麻子含蓖麻碱，有毒，压榨之油尚含少量，在精制时可除去。

精制有三类方法：一曰自然制法，放在瓷盘中在日光下曝晒，自然氧化和漂白，油质渐渐浓厚，油中的酵素、甘油、硬脂酸皆分离沉淀，几经多年，愈陈愈佳，制成印泥历久不变；二曰化学法，每多借药力之功，颇损油质；三曰物理法，经试验，知自然法中已包括化学、物理法，惜自然法要经过很长时间，非短时间所可制成。后来用面积大的瓷盘，注油仅半时，愈浅愈好，扩大日光照射面，约经一个炎夏，似亦可用。鲁庵印泥所用之油都是以自然法制成。

朱砂精制　朱砂要选色如玫瑰、透明度高、不含黑筋纹为佳，如有半暗半明者，则可劈开去暗留明。把朱砂入瓷钵内轻轻研成小米粒状，用吸铁石吸去铁质，愈净愈好。然后加水研磨，水量恰巧淹没朱砂，至研细时，加入牛皮胶和约三倍之水，使水有浮力再研，研至细者上浮，粗者下沉。即将上浮者随水倒入容器中，重沉者再研，如此行之，最后重沉之脚，色暗黑弃之勿用。聚于容器中的细粒朱砂，浮悬于有牛皮胶的溶液中，要把牛皮膏漂洗干净，得用沸水冲漂，很费力。现在可用阿拉伯胶，冷水即可冲漂，很省力、省能源，胶量约水量的 1/300，胶重，浮力大，漂出之朱砂粒子大；胶轻，水浮力小，漂出之粒子细，应视其质酌量用之。漂出之朱砂要用大量水冲洗澄清，务必把胶洗尽，大约漂洗六次才能洗尽，经干燥后即可备用。如果朱砂中有微量铁质，可用氢氯酸洗涤数次，（一般经过选检的朱砂，不必用此）。此法精制朱砂一斤，大约需三百小时，若用瓷质球磨机磨之则数十小时即可磨细。总之，粒子愈细，着色力、遮盖力愈增，印于纸上厚薄均匀，多印不变方为上品。至于颗粒之粗细，可用仪器作出鉴定。

鲁庵先生乡邻王禹襄欲制印泥，与之研究，他研朱颇有心得：

朱砂选用大片镜面，每片在灯光下照过，择鲜红透明者，稍有暗色即弃之勿用，研钵上支一帐，只手伸入研磨，使微尘不入，每次研磨记下时间，至满三百小时始行漂洗，研就之朱砂鲜艳夺目。后来鲁庵亦采用此法。其他无机性颜料，如石青、雄黄之类皆可用此法漂洗。

艾绒精制 艾，以产于蕲州（湖北蕲春县）为最好，叶可食治病，可制成艾绒。取其鲜绿者，除掉硬梗，平铺于净地，曝于烈日之中，炎夏一日可以干燥，收入淘米箩中用手揉擦，即有黄黑色细屑从淘米箩中散落，揉之既久，即觉柔软如棉，再晒再揉，纤维成粗线状；但其中尚有细屑被胶、蜡粘连在纤维中，非碱性水洗涤不能漂清。用硼砂一两溶入水中，艾绒四两同入锅煮一小时，洗漂清后，再用硼砂洗一次，彻底漂清，然后在烈日中晒干，

图 53

用弹弓如弹棉花法弹松备用。（整个过程不要用手搓捏）。还有一法，用氢氧化钠洗涤，虽可节时节功夫，但如漂洗不彻底，会使纤维变脆，应特别注意。（图 53）

以上是鲁庵先生之说。他对古人用红花膏染艾晒干此举以调朱砂，不得其解，因朱砂本红，何必染艾？！对用灯草剪碎做印泥，印文可以凸起，不切实际，经实验，盖出印文朱文变粗、白文变细。

以上是鲁庵印泥所用油、朱艾筛选和精制的大概情况，是鲁庵先生在认真研究、试验的基础上得出的经验总结，不是依靠购买商品的油、朱、艾而制成的印泥。这是鲁庵印泥使用原材料的特点和制作的要求，非但经验精辟，而且告诉我们理论上的可贵依据。

鲁庵先生所制“鲁庵印泥”的质量标准有八个方面：一、颜色鲜艳；二、冬夏不变；三、光泽细腻；四、富有弹性；五、不干不湿；六、多印不粘；七、落面均匀；八、永不变质。这八个质量要求，实际上不是孤立而是相辅相成的，在筛选和精制原材料中已有叙述。鲁庵先生说：“印泥欲颜色鲜艳，全在选择颜料；冬夏不变，全在油性稳定；细腻光泽，全在艾绒柔和；印于纸上薄而能匀、不干不湿、多印不粘，全在配合适当……”颜料漂净，油性稳定、艾绒清洁，就能永不变质。

“鲁庵印泥”概括地说有三个品种，即朱砂印泥、朱磦印泥及和合印泥。有以下记录：

第二十次：朱磦330、油90、艾0.4，印泥家每言银朱制者日久必变黑，余故试之，印于纸上、曝于日光，日久不知能变色？十月二十四日夜半一时制。

第三十七次：朱磦280、德红10、油100、艾4、颜色与#35（第三十五次）相同，泥状甚细、印于纸上，似觉太厚。

第四十三次：制朱磦印泥，极为合度，印于纸上，薄而且匀，但泥状不细，殊不雅观，为可惜也。泥状不细，想是朱料太缺、艾绒太多、朱料多则印于纸上不能薄匀，艾绒多则泥状不能细柔。欲求薄而且匀细，而且柔，非细研朱料，熟练艾绒，配准蜡量、净洗制油，不能为功！

第四十六次：大片300、油50、艾4，朱砂印泥，此量最为准确。

第四十九次：朱磦细研400、德孚红20、油150、艾75，色泽美丽，艾绒尚可减去，更觉细腻，用新油。此依照#43方制，加红略多，色极美丽、泥状亦细腻可爱、油量似觉太多，制时先用无蜡油，可轻松易研。

第五十一次：此方是#46（第四十六次）、朱砂方及#43（第四十三次）朱磦方混合而成，专为《鲁庵印选》之用，朱砂能年久不变其色，且有金光夺目，愈久愈鲜，朱磦能细腻入微，使印文不失其神，故二者配合，相得益彰，至于德红，调色而已。

第五十二次：玫瑰红 200、细上 400、德红 5、蜡油 140、艾 9、试制朱砂、朱磦和合印泥。

从以上记录，可知鲁庵印泥制作的慎严，一丝不苟，甚至在半夜时分都孜孜不倦地进行试制。所以它的成功，绝不是一蹴而就的，而是经过千丝万缕的长时期细微观察、钤样、试制、改进中形成的。他在配合上有以下论说：

先将油、朱、艾称准分量，大约朱砂 100、油 18、艾 1.5。理松艾绒、投入朱砂，贮玻瓶中，猛力摇动，即见艾绒体质粗大，即是朱砂细粉充满艾绒纤维之证，倒入瓷钵，加油少许成半干粉状，用力捣拌，逐渐加油，至柔和软热，细润光泽、色如红缎，稠韧如面筋而无丝毫块状，可以告成。艾绒在未与朱砂混合时，切勿加油，若纤维先被油侵入，则朱砂不能深入。捣时不可用力过重，重则损伤纤维，千余杵为度，制成印泥，静置约一星期后，视其油量是否适中，再定是否加油少许。

配合分量，极难固定，因油性遇冷即厚，遇热即薄，在稀薄之时容易吸入艾绒；稠厚之时吸入较慢，新油、陈油厚薄不同，即同是陈油，时间久暂亦有差别。最好用稠度计量稠度，在 68F（20℃）室内配合最为适宜。

朱砂粗细，对油艾分量多少皆有关系，如朱砂粗，油艾量均酌减，朱砂细则油艾酌加。若粗碎朱砂 55g，在量杯中为 10ml，研细之后，仍置量杯中则为 20ml，倘再研细，还能增加。配合时要估计朱砂细度。欲求精细可用仪器检测之。

艾绒细硬者，吸油量少，粗松柔软者吸油量大。艾最易吸收空气水分，在天气潮湿时分量增重，干燥时分量轻，应视气候而定，捣拌时太干纤维容易捣断，太湿则纤维不易松张，捣时手法，动作快慢多有关系，此非笔墨所能写明，全在临制时细心试验熟练。

从 20 世纪 50 年代起，我用鲁庵印泥钤拓的印谱有以下几种：

1.《豫堂藏印甲集》（赵之谦）计印百十方，钤拓三十五部。共制印泥四两，是鲁庵先生指导下由我研制。

2.《豫堂藏印乙集》（吴昌硕）计印百三十方，钤拓三十五部。把钤甲集的四两印泥，加油朱修复。

3.《黄牧甫印谱》，钱君匋藏印，计印百数十方，钤拓十余部。

4.《长征印谱》，钱君匋刻，计印一百方，钤拓十二部。

5.《君匋印存》，钱君匋刻，共三集，每集约印八十方，共钤拓十八部。

6.《西泠胜迹印谱》，集体创作，钱君匋属拓，计六部。

7.《鲁迅先生笔名印谱》，钱君匋刻，第一套，计印百五十余方，钤拓三十九部。

8.《鲁迅先生笔名印谱》，钱君匋刻，第二套，计印百六十余方，广东人民出版社属，共钤拓五百部，作为该社文献收藏。

9.《潘伯鹰自用印存》，多人篆刻，张荷君女士属君匋委我钤拓，计印百多方，共钤拓十二部。

10.《都元白印谱》，都元白刻，计印百余方，钤拓三十余部。

11.《丁敬唐自用印存》，多人篆刻，计印百余方，钤拓六部。

12.《苏渊雷自用印存》，多人篆刻，计印百余方，钤拓约六部。

鲁庵先生自己亲手钤拓的印谱有以下几部：

1.《仿完白山人印谱》上下二册，张鲁庵刻。

2.《二弩精舍印谱》，赵叔孺刻。

3.《鲁庵印选》，张鲁庵藏印。

4.《秦汉小私印》，张鲁庵藏印。

“鲁庵印泥”使用时，用薄垫：在玻璃板上垫三、四张卡纸即可，勿使用橡胶板或书本作垫。拓印泥时手势要轻，勿用重力。

写于2008年3月12日

张鲁庵与『中国金石篆刻研究社』

“中国金石篆刻研究社”成立于 1957 年 1 月 20 日。1 月 21 日的新民晚报刊载了这一消息。消息的标题为：“金石篆刻研究社成立”。内容是：“本报讯，筹备八个月的中国金石篆刻研究社筹备会，昨日举行成立大会，选出王个簃等十五人为筹备委员会委员，中国金石篆刻研究社筹备以来，为纪念鲁迅先生逝世二十周年纪念，发动了许多篆刻工作者刻了一部鲁迅笔名印谱，不久将由人民美术出版社出版。”此则新闻报道，揭开了半个多世纪以来对该社何时成立的谜团，而且告诉我们该社筹备了八个月的时间。此则新闻对我国篆刻历史来说是弥足珍贵的。

中国金石篆刻社成立时，出席者曾集体摄影，共计四十一人，这四十一人中，至今尚健在者只有王哲言、郭若愚、高式熊三人。（见《西泠印社旧事拾遗》153 页。）（图 54）

图 54

中国金石篆刻研究社的成立，有它的历史背景和发起者张鲁庵先生的执着于印学的精神，有了这两个条件，偌大一个空前的金石篆刻组织才顺应而产生。

在近代金石篆刻史上，西泠印社是蜚声海内外的篆刻研究中心。“抗战”爆发，国难当头，印社活动停顿，直到抗战胜利后始逐渐恢复。新中国成立后，印社设置、文物由政府接管，那时我国以经济建设为中心，无暇顾及传统文化的复兴，西泠印社也停止了活动，沉寂了，西泠印社所能发挥的作用仅仅是作为“名胜古迹”供人游览。直到 1957 年 11 月，经浙江省文化局同意，才召开了第一次正式筹备会议，成立西泠印社筹备委员会，张宗祥为主任，开始展开社务活动，西泠印社才进入真正意义上的“由私而公”的实质阶段。

上述之历史背景，可以知道新中国成立后至1958年，有关金石篆刻的组织，不管是公、是民间都成空缺。上海是工商业发达兴旺，人口集中，人民生活相对比较富裕，文化层次较高，带动艺术品需求也高于其他地区，这就集中哺育了艺术家。上海又是金石篆刻研究的发祥地，著名的金石篆刻家几乎都在上海，为了切磋艺术，探讨市场，不知不觉地自然形成了三五成群的雅集，他们有的是世交，有的是师生门第，有的是知交艺友，在这个阶层里，张鲁庵先生是一位广交艺界，无人不知的传奇人物。

张鲁庵先生（1901—1962），名锡成，字咀英，以号行，浙江慈溪人。世业药材，在上海开设益元参号，在杭州开设张同泰药店，但他的一生致力于研制印泥，广收周秦遗印和善本印谱。他是杭州西泠印社的早期社员、篆刻家、收藏家，他所制的“鲁庵印泥”，是经五十余次配方，积三十年之经验而享誉海内外的优良印泥，得者奉为艺林之宝。鲁庵印泥的制作特点，在于从选择原材料、精制原材料都亲躬其事，经正确配合而成。这不同于一些店肆购进精制成品，仅为加工配合之作。

鲁庵先生所藏的印谱有四百余种，收藏之富海内第一，都是拓本，诸如《颜氏集古印谱》《杨氏集古印章》《考占正文印薮》《片玉堂集古印章》《范氏集古印谱》《松谈阁印史》《汉铜印丛》《清仪阁古印偶存》《十钟山房印举》《十六金符斋印存》《吴让之印谱》（魏稼孙手拓本）、《补罗迦室印谱》《完白山人印谱》《赵撝叔印谱》《苦铁印选》《学山堂印谱》《赖古堂印谱》《飞鸿堂印谱》《传朴堂藏印菁华》《二弩精舍印赏》《吴赵印存》等，很多是善本。

鲁庵先生从1928—1944年这十六年间，他编辑钤拓的印谱有《横云山民印聚》《钟矞申印存》《黄牧甫印存》《张氏鲁庵印选》《金罍印摭》《退庵印寄》《鲁庵仿完白山人印谱》《松窗遗印》《何雪渔印谱》《秦汉小私印选》，共计十部三十卷之富，亦可称海内第一。他收藏的周秦遗印也名闻上海。

鲁庵先生的一生都致力于印学的研究工作，而且非常勤奋和执着，我在他的指导下共事几年，凡是有关印学问题，不管大小，他都认真对待，一丝不苟。比如，有很多篆刻爱好者来问鲁庵，《篆刻入门》一类的书籍何处有售？那时没有出版过这类书，只有到旧书店里去淘，也许侥幸可淘到一本，可鲁庵告诉来者，负责替他去办。接着他关照我有空就到旧书店去淘，有多少就买多少，我接令在短期内跑遍整个上海旧书店，共买到了十多本，他开心得不亦乐乎。由于印学方面的资料收藏丰富，经常有来访者询问有关问题和索阅印谱资料，他都会不厌其烦地一一作答，或让他在客堂里描摹抄录，并义务供应茶水。有一天沈尹默先生来访，谈起了印泥制作，沈对他说：喜欢浓厚的印泥，而且盖出的印文要有立体感。薄匀的一路，沈先生不满意。这是个难题，因为浓厚的印泥，印文在纸上的渗油不易控制，必须把油朱艾调试到“确到好处”，这很费功夫，不是一蹴而就的，也许要经过几次研制才能成功，而且要经时间考验，照理鲁庵先生可婉言谢绝，但他却执着地答应一定研制并使沈满意，后来终于制就了这缸印泥。

鲁庵先生好客随和而谦恭，从不炫耀自己的收藏和成果，所以书画界人士，尤其是印学界人士都乐意与之为友，不敢称什么辈分。对于陈巨来先生所云“张（鲁庵）忽怒目而起”之事，我总觉得其中别有缘故。鲁庵先生是稍晚于方介堪、陈巨来的赵叔孺先生的及门弟子。赵氏在20世纪上中叶是上海最负盛名的书画篆刻家，弟子众多，都有所成就，他们所用的印泥，大多出自鲁庵所制，同门情谊可想而知。

鲁庵先生是“中国民主促进会”成员，他与方去疾、王哲言、吴仲坰、吴朴堂、徐孝穆、高式熊、张维扬、单孝天、叶露园同为该组织上海市美术工作者小组成员，他们集体创作了《大办农业印谱》，并以此庆祝中国共产党成立四十周年。

鲁庵先生家住余姚路134弄6号，居住宽畅，他是工商业者，有一定的财力，在上述许多条件支撑下，在众多金石篆刻家的希望和影响下，鲁庵倡导发起成立一个金石篆刻的民间团体应该是水到渠成的事情。我们再来考察一下《中国金石篆刻研究社组织缘起》（以下简称“《缘起》”）。

《缘起》说："公元1905年，王福庵、丁辅之、吴石潜、叶为铭在杭州西湖孤山辟地创办西泠印社，为篆刻家研究讨论印学的团体，社员遍及全国，远至日本……印社在发扬印学，印行印谱及研究古代金石文字篆刻的书籍方面起了不少的作用。……1951年将产业文物捐献政府，成为西湖名胜之一，永留着印社的纪念。"

"现在听过周总理关于知识分子问题的报告之后，个个都兴奋地预备把自己投身于社会主义事业，贡献出一分力量，我们各具有专长，有的精于考古学、文字学，有的能制优良印泥，有的著作金石文字美艺等书籍。近来国外华侨常有要我们刻印，又常来购买我们所制的印泥。友邦人士来游我国，亦常有要我们刻印，如苏联著名画家、《火星》杂志社编辑克里马申同志，又有……视我国篆刻为特殊美艺作品。……我们迫切要求政府文化机关来领导组织起来，成为一支美艺队伍为人民做点事情，要求学习政治和马列主义理论，为社会主义服务而努力！"《缘起》告诉我们"研究社"是在全国失缺这方面的组织的情况下，为顺应社会的发展，张鲁庵等发起成立的。"相比杭州的西泠印社，上海的中国金石篆刻研究社虽然成立的时候晚，活动的年份短，但它适逢西泠印社停止活动的特定时期成立，并借助原西泠印社众多巨子的影响，登高一呼，组织新中国成立以后空前的篆刻研究活动，且人员规模超过了当时的西泠印社，因而有着特殊的意义。……值得注意的是，中国金石篆刻研究社宗旨中除突出专业特点外，（比西泠印社）更强调艺术适应广大人民学习文化艺术的要求并为政府和社会服务的时代性，这也是该社团对文艺要求的明智选择，因而从其组织的一系列集体创作、捐赠活动来看，确是体现了这样的追求，开创了民族传统艺术‘古为今用’‘推陈出新’的典范！”（见王伟林《凌云健笔意纵横》）

中国金石篆刻研究社组织共有四个文件：《中国金石篆刻研究社组织缘起》（图 55）《中国金石篆刻研究社章程（草案）》《中国金石篆刻研究社业务计划概要》及《筹备委员名单》（图

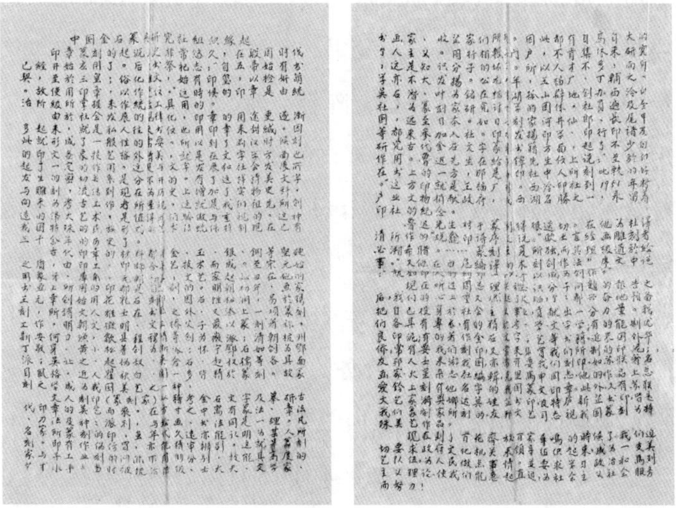

图 55

中国金石篆刻研究社籌備委員名單

（以姓氏筆劃多少為序）

王福盦	王亇簃	方去疾	朱其石
沙曼公	吴樸堂	来楚生	馬公愚
陳巨来	單孝天	高式熊	張魯盦
葉露園	錢瘦鐵	錢君匋	

籌備主任：張魯盦

图 56

56）。这四个文件都是张鲁庵执笔刻成蜡纸付印的。筹备委员名单：王福庵、马公愚、钱瘦铁、王个簃、张鲁庵、陈巨来、朱其石、来楚生、叶露园、钱君匋、沙曼翁、高式熊、单孝天、吴朴堂、方去疾。常务委员：王福庵、马公愚、钱瘦铁、王个簃、张鲁庵、叶露园、钱君匋、沙曼翁。主任委员：王福庵。副主任委员：马公愚、钱瘦铁。秘书长：张鲁庵。根据我的印象，委员们都是原“西泠”社员，阵容空前，他们都居住上海。从这个名单，不管按当时角度或现在角度的“论资排辈”“知名度”，还是艺术上的造诣来考察，应该是合乎情理，理所当然，无可非议的。主任、副主任三位，当时或现在在篆刻界都是德高望重、影响深远的人物。鲁庵先生生前经常说（在碰到困难时），有他们撑腰我不怕！实际上社务的重担都由鲁庵挑着。

中国金石篆刻研究社在 1957 年 4 月 15 日，共有本市社员 79 人，外埠社员 30 人，1957 年 4 月 15 日以后进社的共 23 人，从这个名单，说是囊括了当时篆刻界知名人士是不过分的。

中国金石篆刻研究社为篆刻艺术的开拓发展，做出了以下一些重要贡献：

一、集体创作《鲁迅笔名印谱》，由张鲁庵、吴朴堂、高式熊、单孝天发起，历时半年余完成，共刻印131方，作者73人。马公愚题签，张鲁庵序、钱瘦铁跋、张鲁庵主编、方去疾校对、华镜泉钤拓，为纪念鲁迅先生逝世二十周年，拓本捐赠上海鲁迅纪念馆。上海古籍出版社出版。

二、田叔达刻《毛主席诗词十九首印谱》，连同边款共五百十八方，分装十七册，由符骥良钤拓三部，其一呈献毛主席，后得到党中央的鼓励函件；其二在国庆节呈上海市人民政府，以作国庆献礼；其三由社保存，供阅看。

三、方去疾、吴朴堂、单孝天合刻《瞿秋白笔名印谱》（图57），计印八十方，装一册。沈尹默题签、康生题耑、郭沫若题诗、唐弢作序，由上海人民美术出版社出版。

四、钱君匋藏印甲集《赵之谦印谱》共收赵印一百一十六方，乙集《吴昌硕印谱》共收吴印一百一十二方。赵谱由符骥良助校和钤拓三十五部，吴谱由符骥良拓墨，华镜泉钤朱，亦为三十五部，均二册装一函。赵谱除一九一七年西泠印社手拓本之外，此为最多而完美的一部。此两谱之特点是印面、边款都具释文，并详细说明石质品种及印章的具体尺寸和雕钮，框架印刷精美、装帧古雅、纸质上乘，这是自有印谱以来所未见者。

图 57

特别是所用印泥，乃鲁庵最佳印泥，纸张亦由张鲁庵先生提供一九八八年由安徽美术出版社出版。（按：田叔达所刻之《毛主席诗词十九首印谱》，纸张及印泥亦为鲁庵提供。）

五、湖州谭均刻《毛主席沁园春词句印谱》钤拓装一册，后由湖州工艺美术出版社出版。

六、上海辞书出版社再版《辞海》，由本社组织撰写词目约两百条，从一九六〇年二月开始至六月竣工。

七、庆祝国庆十周年，由社员刻印三百余方，选取八十方钤拓精裱四幅，配以红木镜框，呈送上海市文化局。

八、一九五八年，“张鲁庵供给杭州西泠印社一百三十（按：也许是 13）斤（油），因稠度和色泽都不够要求，现正商酌用科学方法提炼中”，“仍由张鲁庵先生处借来数两（艾绒），和加工处所自存的一部分”。这时杭州西泠印社逐渐恢复供应部，要制印泥向张情商 者（见1958年1月16日下午供应部举行第三次筹备会。）“制印泥部分的技术和供给原材料方面，得到张鲁庵先生的帮助很大，是值得感谢的。”（见同上）。按：一九八二年，西泠印社邀我到该社指导研制印泥时曾提及此事，当时我也不在意，现在见此资料才明白为什么要我去指导他们，这与张鲁庵先生（二十世纪）五十年代提供的技术有关。

九、1959年杭州西泠印社恢复活动，为庆祝国庆十周年举办“金石书画展览会”，秘书长张鲁庵以社的名义协助征借陈列品，计珍贵印谱八十种，周、秦、汉、魏等六朝古印一百余方（基本是鲁庵藏品），金石家书画数十幅，由鲁庵携带赴杭州陈列展览。关于这个展览《西泠印社旧事拾遗》中说：为了办好这次展览，“在王树勋的领导下，韩登安联络运用旧有关系，数次往返上海杭州两地，拜访印社社员和收藏名家和收藏单位，联系藏品选用、克服种种困难，在（西泠）印社无藏品的情况下，在不到两个月的时间里，就征集到精品五百余件。出色地完成了新中国成立后西泠印社第一次大规模金石书画展，向建国十周年献了一份厚礼……”“使各界人士大开眼界，观者云涌，获得了广大市民的赞语，在省内外文化交流中起了重大的作用，西泠印社又一次声名远播。”从上述二条，可见鲁庵先生的大气胸怀，热诚待人，不以自己研究的成果视为秘诀；不以自己的藏品视为奇物，凡是涉及发扬篆刻艺术的事情他都无私地并且不顾体弱多病，不辞辛劳地提供一切，并且有始有终地努力去做好，这种精神值得艺界人们视为榜样。

十、苏州市工人文化宫为庆祝国庆举办“金石书画展览会”，携去本社集体创作之《鲁迅笔名印谱》钤拓片一百三十二帧，田叔达刻《毛主席诗词十九首印谱》钤拓片五百余帧；方去疾、吴朴堂、单孝天合作《瞿秋白笔名印谱》钤拓片八十余帧（符骥良手拓），由居住苏州市的社员王能父、张寒月、黄异庵协助陈列。

十一、1959 年社长王福庵八十大庆，假座南昌路蕾茜饭店为其祝寿，出席者：张鲁庵、吴朴堂、单孝天、秦康祥、陈巨来、包伯宽、王哲言、朱其石、马公愚、钱君匋、候 福昌、高式熊、符骥良等十四五人。

十二、1958 年至 1960 年是社的丰收年，社员在《新民晚报》《解放日报》《文汇报》、香港《大公报》等共发表作品六十余次。如《新民晚报》通栏刊中国金石篆刻研究社署名的九方《万岁万岁万万岁》印作。张鲁庵的《耕牛图》等，对当时普及篆刻艺术起到很大的作用，尤其是尝试以简体字入印，开了先河。

十三、为庆祝建军三十三周年纪念，由社内五位军属社员篆刻了毛主席的《元旦》《会昌》《大柏地》《娄山关》词四首，钤拓装裱二册，分别呈献北京、上海两地，向中国人民解放军献礼。

十四、钤拓印章是日常工作之一，经常有社友携来自刻的

麟良先生：
奉上拓边款底稿一张，此稿根据阁下及高式熊兄所知，去冬重新编合而成，犹恐辞不达意，再请阁下、戴及钱君匋兄阅看，并请修正，加以斟酌标点，以便付印油印此致
敬礼
张鲁盦 青言

图 58

或收藏的印章要求钤拓成帖或单片备用，后来为便于社友掌握钤拓工艺，写了一份《钤拓印章边款的方法》（图 58），油印分发给社员，这是一份毫无保留的传授拓边款的材料。

中国金石篆刻研究社成立以后，杭州西泠印社在 1958 年 3 月 9 日筹备会上，葛克俭曾提议说：“中国金石篆刻研究社在 1957 年由张鲁庵发起成立，皆为沪浙两地篆刻名家，筹委会应俟在大会以后再结束是对的，许局长也是这么说的。文联组织只限于浙江的人，西泠印社的社员遍于全国，恐包括不下，最好仿上海的例子，自行组织，文化局备案，将来可搞点出版，使他巩固发展。”后来是否采取过上海模式，不得而知。

中国金石篆刻研究社是1949年以后第一个较大规模的书法篆刻组织，虽然活动的年份短，但它适逢西泠印社停止活动的特定时期成立，并借助原西泠印社众多名家的影响，登高一呼，组织1949年以后空前的篆刻活动，且人员规模超过了当时的西泠印社，因而有其特殊意义，并在篆刻史上留下一个富有色彩的光环。

中国金石篆刻研究社的具体事物皆张鲁庵先生躬任其劳，王福庵、马公愚、钱瘦铁等先生，除开会外，很少来社小坐。1960年后鲁庵先生病体日渐加重，但他依旧执着坐在双人写字台前，不肯坐躺椅，我办公就坐在他对面，经常听他讲述所见所闻及社务安排。张师母叶宝琴女士亦好客，有几次拿出金烟头、巧克力、香烟待我。她的女儿和女婿钱澄海都是运动健将，在困难时期享有副食品津贴，经常带来鸡鸭之类的副食品，我也不时一饱口福。在那个时期是少见的，我始终铭记而不忘。

1961年2月，我因故离开中国金石篆刻研究社，同年四五月间“上海书法篆刻研究社”成立，社务逐渐过渡。鲁庵先生于1962年壬寅3月14日病逝，享年六十二岁，一代大家于同年壬寅十月初一日长眠于杭州南山公墓。其所藏珍贵印谱四百余种、印章一千余方归于杭州西泠印社。

符骥良于2008年4月8日

符骥良小传

图 59

篆刻家，印泥研制家符骥良先生（图 59），笔名雪之，白果，以语石楼、白果庵、梵怡堂颜其居，江苏江阴人。1926 年 4 月 24 日生，2011 年 11 月 18 日卒于上海寓所，终年八十六岁。

青年时期就读江阴南靖中学，来沪后负笈中国新闻专科学校，直至毕业。

符骥良一生从事篆刻书法，田叔达先生为启蒙师。20 世纪 50 年代初，上海成立“中国金石篆刻研究社”，社长王福庵，秘书长张鲁庵，骥良入社后有幸任张鲁庵助理。张氏收藏印谱之富，海内罕有其匹，骥良得以纵观其收藏，艺因获进步。篆刻社社员一百四十余人，名家荟萃，书法、篆刻大家有沙孟海、钱瘦铁、王个簃、来楚生、方介堪、诸乐三、马公愚、叶潞渊、韩登安、陈巨来、钱君匋、方去疾、沙曼翁、张寒月等。骥良年方而立，向诸前辈求教问字，印艺精进。

为适应刻印工作发展，骥良学会钤拓印章技艺，先后为钱君匋藏品手拓《豫堂藏印甲集》（赵之谦印集），《豫堂藏印乙集》（吴昌硕印集）各三十五部。此两集谱纸均印就页码，共计万余页，以后钱续请钤拓《黄牧甫印谱》《君匋印存》《长征印谱》《西泠胜迹印谱》《玄隐庐印录》《钱刻朱屺瞻印存》等。1978 年又据原石拓制《鲁迅笔名印谱》五百部，手工制作，空前之数。嗣后，又受丁景堂先生请拓《景堂自用印存》。总之，他一生经手钤拓者，数当逾万。钤拓虽小技，然拓者与前贤或当代大家作品终日相对，悟其布局，用刀之妙，博涉广收，而作品化一为万，以广流传，功莫大焉！

骥良刻印自秦汉以降，宋、元至清，皖、浙诸流派，均深究奥妙，融会贯通，逐渐形成刻印个人风貌。1999 年，《符骥良印存》问世，该印集从四千余作品中选出，为符骥良五十余年治印生涯做一总结。他在“后记”中云：“这本印集的印行，是我从事篆刻艺术经历的重现，重现了伴随篆刻走过五十多年的风风雨雨，许多快乐，悲哀和喜悦，一起来到我眼前。”此前，为普及刻印知识，他还撰写《篆刻器具常识》一书，上海书画出版社出版。

印泥为我国独特的加盖印章的涂料，书画家、篆刻家、收藏家所用印泥与一般公私单位所用有别。国画大家唐云对符骥良印泥有评价："骥良善制印泥……因炼油、拣艾、选朱，悉心研制，鲜艳明晰，为'鲁庵印泥'后第一。近之漳州、西泠皆不及也。"钱君匋对骥良印泥体会尤深，他说："骥良书刻以外，尤以手制印泥蜚声中外，其工艺得鲁庵衣钵而有所改进，余原拓印谱所用之印泥，均为其所制，迄今三十多年，色泽更显原砂之沉静古丽。"2009年，中华人民共和国文化部审批，国务院颁布，手工技艺鲁庵印泥，为国家级非物质文化遗产，代表性传承人符骥良。消息传至沪上，人们奔走相告，并认为：获此殊荣，实至名归！

20世纪80年代，符骥良主持海墨画社金石篆刻部，开展了多项工作，如发展社员，组织展览，培养青年等。特别令人难忘的，由二十余位篆刻同道奏刀，据原石钤拓二十五部，于2004年完成《中国历代文荟印集》问世，前后历时十七年。

符骥良为人处世尚柔，不争，谦让，近于《老子》"柔弱以静，安舒以定"境界。他淡于名利，谦和寡言。中年经历坎坷，最后获得平反。工作有成绩，不爱张扬。他的一生是为刻印艺术事业积极而默默耕耘的一生，成绩斐然。他原可以子承父业，做工厂主，但却走上一条艺术道路，悲欣备尝，安之若素，悠然自得。苏渊雷教授曾言告："凡事随遇而安，快乐生活，淡泊人生。"骥良深感是悟道之言，愿终身践行之。

综上所述，同道中人认为中国印人传中，符氏骥良应有特定的一席位。

蔡耕　富华

影印《鲁庵印泥试制录》（一九三〇年起）

年 月 日 次数	硃砂	硃膘	红粉	油	艾	效果
1930 1	330			自制无烟灰 10年 80	自制 0.4	此方极好。尚觉硃砂太多尚须改良。
2		大兴 260		" 70	" 0.4	硃膘可以减二元，然油可再加1元。此方极好。尚嫌硃膘太多，仍须改良。如用西药萆麻油须要照油量加30共为100
又据友人制示	天字 1两4钱		西洋红 2钱		2.5	特等印泥。
	细字 1.8两		" 1.4钱		2.5	甲等印泥
	天字 1.5两 元字硃 1.5两				2.55	乙等印泥
	天字 1.8两 中硃 1.4两				3.5	丙等印泥
	天字 6钱 中硃 2.4两				3.5	丁等印泥

（以上友人抄来五种印泥分量，只有硃艾，不及油量，无从试制。而天字、中字、地字，不知为何种硃砂也。）

年 月 日 次数	硃砂	硃膘	红粉	油	艾	效果
1950 4 28 3	自研14日 520			脂油 10 自制 120	0.8	只此制法似觉硃砂太轻，而较坊上鲜红庸劣，印泥形状粗，不美观。自研14日中用研力搞成者，色不鲜明而黑灰为红
4 30 4	" 660			" 10 " 120	0.8	只此制法较为合度，油觉太轻，硃觉太厚

4 30 印泥配合只要审定分量，数毫不差。大约硃砂66元（前用硃膘须减轻分量

4 30 约减去，以硃砂66元合朱膘为52元）油12元，硃砂在钵三次入油8元，用力研匀，愈研愈好，再入油4元约研500转入艾绒8量（即0.8）研匀之后用力搓热，约捶3000，再用文火烘热（约90°F）保任温度，用力再捶4千锤即成。藓藏7日用火再烘（90°F）（不可过热，热则色变起化学作用最宜慎之慎之）捶4千锤使能合用。硃油艾三种之物配合后勿再加硃砂，加则形状必粗，殊不雅观也。或用天然橡皮，不妨加油少许，尚无大碍。

年 月 日 次数	硃砂	硃膘	红粉	油	艾	效果
4 30 5	自制14日 200			西药蓖麻 70	0.4	试印泥分量
5 5 6	" 150			60	漳 0.4	砂觉太轻，艾觉太重，油甚合度不佳。
" " 7	350			120	0.6	而上法似觉硃太厚，油太重尚佳
" " 8	400			120	0.6	砂油稍多

（系用漳州艾自制萆麻油尚佳，14日自研硃砂）

漳州艾绒出名以制印泥无出其右者，宋用日本艾，嵩溪乡间野艾，皆以纤维不能密用，徒费精神而已。今将文同採法，制法略述一二，以备参考：

……历来艾绒上海杭州以及日本[illegible]

年 月 日 资 硃 膘 比较 油 艾 叙号

价每元一二角。余曾用清水洗净，沸水煮过，去其黄色汁水，晒干后入淘箩内摩擦使其碎屑泥砂尽去，再用沸水煮过晒后应用，但丝头太短，不如漳艾。

宁波慈溪艾，立冬前后十余日採嫩尖回时中，野生蕲艾（俗名艾蒿）（可做点心糰子吃），去其梗枝，独留老叶，晒干后用木杵舂碎，米筛筛过，去其叶中之泥灰，入淘箩用手摩擦，务尽净为度，灰泥尽去，沸水煮三、四小时，清水漂一、二日，晒干后再入淘箩搓至柔如棉，淡黄色，可以应用，如日本艾丝头稍长，但总不如漳艾。

浦东产者甚多，并用人设厂制造，商标鸣鹤，黄纸包封装，而以红色鸣鹤者为最上。上海南市城隍庙前街寿康以及国药店如大吉堂、太吉祥等店均有售，每封重1斤价二元，惜原来清洁欠缺再加工，也能应用，以丝头短，当不如日本宁波产的

漳州艾，产福建漳州，杂货店均有售，以鹤鹿牌者制品最佳，惟有些人不知，杂货店中另有掺木屑制造，以致上品真的漳州艾内容不纯良，据说中西杂货店内大都价每两一元之间，并装包分装成为饼，加工后制成印泥的绒挺佳，且头细长，只要用手扯松，绒分开就可以应用（不可用刀割）印泥要硃砂红艳，油要纯油，漳州艾绒，配合得宜，经久不坏，除此之外别无他法，古人如用八宝之说，往往非我所信也。

八宝印泥说，余于民国试制造，并无用功，姑录经过述于下：八宝者，珍珠、玛瑙、麝香、珊瑚、琥珀、片云、冰片、红宝石也，红宝石价甚贵且不易购，故未试过，其余皆曾试过，先制成二两硃砂印泥，加珠粉1分、玛瑙2分、珊瑚粉2分、琥珀粉2分，金冰片20瓣（片云唯研细故未加）调和之后用以钤过，印于纸上并不走油，日久之后，印泥浮油，略带黄色，日再久后印泥硬而发黑成为无用之物，印纸上所印亦久而发黑，实仔细研究以为麝香易黑之故，去其冰片，另行再制，经久之后即无黑色，惟旧感久发硬仍成废物，余再将琥珀与松脂本是性质，松脂油溶于酒精者，又能溶于油类，印泥之硬必定琥珀无疑，再去其琥珀，另行试制，经二个月后，色泽不硬不变，然而印于纸上，仍是普通硃砂印泥，并无宝光，空耗金钱与手续，始知所谓千古神话，古人欺人之谈也。（民国十二年6、7、8、9月试制）

年	月	日	号	朱	膘	红粉	油	艾	效果
1950	5	7	9		大兴 180	西洋红 80	西藏草麻 90	倍 0.4	用漳州艾绒、西藏草麻油加西洋红制成之后，与漳州丽华斋16元顶上印泥相似，惟色泽精审不同，当须再行研究试制朱膘。
	"	"	10		" 260	75	100	0.4	不合用

朱膘并非朱砂浮膘：膘为广东大兴字号出品，价甚廉，每斤9元，以五斤为一小包，十斤为大包。色如朱砂，研时浮于水上之膘相似，分量亦轻，比之朱砂轻$\frac{3}{10}$，质量极细，不必研过即可应用。但其中细毛黄沙，最好入清水漂尽黄水过滤。入火即变黑色，颗粒稍大，加热后色鲜红，故印泥久晒，愈晒愈红，实初意也。朱膘必是朱砂研细时浮于水上之膘，今则知其非是。缘其产额之多，超过朱砂百倍以上（各处烧制红色皆用朱膘），而价值不到中等朱砂$\frac{1}{4}$。况朱砂浮膘（各种）无本身，虽研之极细，不能浮起。朱砂大都只有片砂、粒砂，均未研过，既不研过，则膘从何而来。是故知朱膘必非朱砂中之浮膘也。

漳州印泥（印泥制坏，须另漂出朱砂），之色配合，往往用朱砂与艾绒分量不合，不能应用。实应将一段可将制坏印泥之艾绒与艾、及大净化朱砂，而朱砂仍可制印泥，颜色不减，分量不缺，与好朱砂丝毫无异。取已制坏朱砂印泥（约4两）用绵包紧（绵需解油水，须似油厚）放器内，将石灰等物置下，一昼夜，用火烘再压，后不油质，各有层开绵包，取出印泥，用肥皂细化开，细筛滤过，将艾绒除去，将朱砂漂在热水中，更换数次，至无黄色油为度，之后烘烤至无[illegible]油味即可。

年	月	日	号	朱	膘	红粉	油	艾	效果
	5	30	11		220		加制 80	倍 0.4	朱膘太多，当可减少20。以1号分量配合之14两中等朱砂印泥500加11号分量配合朱膘印泥50，与大片朱砂之印泥无异，而在检验上看出与大片无异。
			12	银朱、朱膘混合$\frac{10}{16}$g.			$\frac{6}{16}$g	$\frac{0.27}{16}$g	朱膘少数，漳州艾绒纯红印泥（油量太多，不能配合$\frac{0.27}{16}$）漳州印泥是银朱、朱膘混合，艾绒与油合成银朱质细能透滤，油中之黄膘在水内可除臭味，要看大片银朱当未能用，须研之后，方能配合。银朱与朱膘混合后，检验之后，艾绒漳州配比

年	月	日	药	硃	朦	红粉	油	艾	效果

真正硃砂，永无变色，虽大经过，亦不变色。硃砂成分是硫化汞，在天然矿中经数千万年，其色鲜红，稍含铁质，其质纯晶莹，比之稍脆，故不受压碎。形状分为二种，有如箭头呈三角形（即箭头硃砂），有薄如片的（即镜面硃砂）。箭头形产于湖南辰州，即辰砂。片形的产于四川、云南，即贵砂（其薄如刀削的），又名镜面砂，价分三类。以大片硃砂为最贵，市价每斤30元，次为中片每斤15元，再次为子墨红约7.8元，查红有7.8元的，5.6元的，有三、四元的，以二元的最广。大片之上尚有一种名牌刹，系在大片镜面硃砂上每斤价约60元。以价之贵贱以片子大小，性质地位精为标准。其色鲜红而且鲜艳，微有些紫黑无光，且有铁质，极难磨尽。[illegible]以前[illegible]独自[illegible]乾隆[illegible]民国元年二千多年中，无不[illegible]为贵者。天然硃砂虽计数千万年而色不变，制印泥为最好，其他人工之造的皆不如硃砂。银硃之性是硫化汞，人工合成，以火制变色，~~[illegible]~~ 而在红子为机化学配合或用植物脂质酸碱等，其红艳，质细，但经过化合必变色，制印泥均不可用。

年月日	银硃大贡	西蓖油	漳	效果
6 8 13	320	100	0.4	用全银硃合印泥，颜色甚佳，印性佳，深厚无神。

" " 据方君说其家用籽油制印泥，经年不凝，亦不透油。此油唯上海河南路铁大桥下鲁家吴仁和号园有售出。余试籽油气味甚臭，嗅之令人欲呕，色黄而性腻，须去绞后不可入印泥。真草麻子油上海小东门陈家石桥新成烛栈有售。新草麻子油煎法：草麻子油经纸滤后清净不存渣滓，文火煎浓可以合用，不必定用三年陈油，古人用煎法，想亦未必有效。草麻子油10斤用滤纸滤过，纸滤三次，放其沉淀清净，颜色有些透明，一定要滤净后，然后放入瓷中，炖后经十数，文火慢煎（火力切勿太猛，猛则变色不能合用），至十四、五小时后再用滤纸滤一次，倾于瓷缸中静置约数十日，至日光曝后性净无变化，去臭味、酸、碱自无。中西分两比较：中两=36格兰姆，1g=三厘六毫，10g=2钱八分，1g=2.58[illegible]，0.4g=二厘八毫。

6 9 从新成烛栈买来真草麻油，色与籽油相同，气味亦同，但不如籽油易黄，制用须滤制过。若通烛店所买草麻子油并不纯，是掺以桕子油，但桕子油亦可制印泥，与草麻油无异。

6.10 抄录陈泉先生之"印泥之分析与研究"（见附编二）

年	月	日	次数	硃膘	红粉	油	试验	结果

10 6 硃膘调色剂配合分量：陈氏生前研究而后发明硃膘调色剂，能使硃膘色可以随意深浅，则制造而后深浅颜色可以随人所喜，信不诬也。但其法秘密，其配剂分量尚未确定，今吾注研究而得定其准确分量，可补陈氏之缺，而利制造。 苛性钾（纯）500 碳粉（纯）40 蒸馏水（或他水亦可用）8盎司。先将苛性钾与硫碳粉共置烧杯中，加入蒸馏水，待苛性钾溶解之后则可加热煮沸20分钟，至硫碳粉溶解为度，色为深红黄之液体，如有沉淀可用滤纸滤去。 调色注意之点 由上述调色剂分量配准制之后，即可应用，其使用之法如左：例硃膘一两，用调色剂液6盎司，清水三盎司。硃膘与调色液清水搅匀之后则可加热，色之深浅以热度高低为主，使全[illegible]欲[illegible]烧时颜色稍深些，因[illegible]时而稍稍浅之故。要颜色鲜红，烧时必须稍深，但倘若烧之太过，而变黑色，不可用矣。硃膘36克，调色液6盎司，净水三盎司（最好用蒸馏水）

"草稿之参据"样图果（见附件二）

硃膘出产之处甚多：以广东兴宁之为最著，而不知漳州亦产，今从漳州南[illegible]来，其质与大兴无异，而色比大兴更红，价相似。制出而后用漳州者为佳，因色泽鲜红也。

月	日	次数	硃膘	红粉	油	试验结果
7	13	14	大兴 130	30	漳州 0.3	硃膘调色后再加滑石粉细细研十日研细之后取净滑石粉油。新油与腊油数相对量，油量之轻因硃中当含滑石之油较多也。且此制法，色与原膏比较鲜艳而后，惟其形状尚不及鲜艳之细也，且待研究可也
7	13	试样 15	漳州 130	新腊油20 生油30	0.3	新买草稿之油尚未晒过，嫌性生，气味太浓，加板兰[illegible]二克。其[illegible]过[illegible]以上试制用漳州硃膘价每斤11元零一角，制成之颜色与漳州的华相似，惟不如[illegible]的华之[illegible]也。
		16	" 200	新腊油60 生油40	0.4	同时尚又试一种。如用标准腊油80克来。[illegible]

年月日 號	硃	膘	分料	油	艾

厚薄状均与魏氏丽华斋相同，而以厚薄论尚不如魏氏丽华印泥之薄。

试验漳州印泥油加腊分量：漳州魏氏丽华斋印泥其制法皆为秘密，余经化学专家陈吴兰生分析化验之后，硃艾之外且已经腊桃仁油一层当未于洋卷，唯日来迭访各端未得实，又事上漳州魏氏仿陈年小瓶之自制本前有友为漳州道尹属向魏氏所购之印泥之数百两之多，因与魏氏相熟，且当其适放射本厚此油一瓶，以一半熔试未得，半则为用，油经几年之黄，而不浓厚亦不稀薄，确为魏氏所制仿陈可无疑矣。嗅气味既取色，以草麻子油，油比草麻子稍厚，试加白腊於草麻子油中，用火溶化，冷却之后更觉相同，厚薄之间尚非全合，再以白腊加减，试之数十次之多始得同样厚薄，厚薄既准则与魏氏半分不爽，今将加腊分量录之於后：陈年晒白草

17 麻子油 300，硬性提净白腊 0.1 硬腊为西药之腊，与熟性者不同，硬性者和入油内当时因火力熔合，略然而分离。照上分量配合用温火溶解冷却之后与魏氏油丝毫无异。试制二种一用20年陈油，一用9年陈油

年月日 號	硃	膘	分料	油	艾	
9 27 18	漳州 300			熟腊油17号制法 90	0.4	
9 28 19	同上年油 " 330			" 80	0.4	

（以下是根据"内廷御制印泥法及收藏用法"一文作者吴兰先生——上海张三）

年月日 號	硃	膘	分料	油	艾	
9 30 20	漳州 330			洗油17号 90	0.4	印泥较油，尚觉太厚，比前之硃膘而所制法更好，更好。
10 4 21	大吴铅硃 200	大吴硃膘 130		" 90	0.4	（盖有"北秦厂"印文印样，目前看已发黄矣，有光气沉沉之感）照此分量似觉太厚，下次制时可减（印样呈太厚，但底已露矣）印泥颜色鲜红，可与硃砂比美色，余故试以铅硃制印泥，印在纸上以喷于之，以一夹持纸内不透，略显纸略试看，不如膘真色，与如其言也。20年十月四日校本一真制

年	月	日	次数	硃	膠	白粉	油	艾	結果
1930	10	9 22				熟性白膠 0.5	蓖麻油 草麻油 600		此以上量最為適中。不可施於[illegible]一年新油者用舊油少量則須更改。
〃	〃	23				〃 0.2	浮油之 10年 300		且此少量適合於浮油可也若以新油則四為宜。

"硃砂考略" 辰砂為天質之珍物 神農本草列為上品 曰丹 曰朱，以其色紅也。歷來道家大率言其煉丹修養之法，不及作印泥之用。硃砂燒煉時，一變而為水銀，再變而為銀硃。又銀硃可也[illegible]而小[illegible]不能再還硃砂天質之可貴如此。硃砂所出，昔武都，後唐以來所謂武都砂，豈即硃砂印色之祖耶？而今無聞焉，何故。今之硃砂以辰州產者最好為正品。大片如雲母粒色者，辰州則產此。土人信砂中揀出最為[illegible]此種，以其質淨，水飛時耗損少也。銅仁產者曰片砂，色帶紫黑色，如雲母，有大次最大者如拳。別有[illegible]片[illegible]用處[illegible]。價且美於正品，惟內含砂石，其質未淨，水飛時耗損多也。曰劇砂，即片砂之碎砂也。其價更廉。[illegible]。以上不過舉其大略，今再詳細參稽於后：

丹砂本經上品（陶宏景別錄）生符陵山谷，采無時。光色如雲母可拆者良。作末名真朱，即朱砂也。陶別[illegible]武都仇池雄黃夾雌者，名丹砂，用之謬矣。今[illegible]即是[illegible]州接巴郡南部之地，今無采者。武陵、西川諸蠻夷中皆有。通屬巴地，故謂之巴砂。廣州臨漳者，謂之土砂。惟須光明瑩澈為佳，如雲母片者，謂之雲母砂。如樗蒲子、紫石英者，謂之馬齒砂，亦好。如大小豆及大塊圓者，謂之豆砂。細碎者謂之末砂。此二種不入藥，只可作畫用。凡采砂皆掘坑入數丈，雖同出一郡，亦有好惡。地有古井騰大井也（蘇恭云）丹砂大略二種，有土砂、石砂。其土砂，復有塊砂、末砂，體並重而色黃黑，不任畫，療瘡疥亦好。其石砂有十餘種，最上者光明砂，云一顆別生石龕內，大如雞卵，小如棗栗，形似芙蓉，破之如雲母，光明照徹，在龕中石台上生。其次或出石中，或出水內，大者如拇指，小者如杏仁，光明無雜，名馬牙砂，一名無重砂，入藥及畫。其磨嵯新井、別井、水井、火井、芙蓉、石末、石堆、豆末等砂，形類頗相似，[illegible]可用矣。別有越砂，大者如拳，小者如雞卵，其形雖大，內多土砂石質，不如細而明淨者（雷斅云）砂凡百等，不可一概。有妙硫砂，大如拳，或重一鎰，一十四面，面如鏡。[illegible]紅[illegible]

砂

砂如拳之大或如鸡子大者为一等，其次有庭砂如芙蓉子大，而略小者，有升庭砂、土庭砂，其次有金星、澄水、阴成、辰锦、芙蓉、镜面、箭镞、麦末、金色、平面、升末土等名（雷敩云）今出辰州、宜州、阶州，而辰州者最胜，生深山石崖间，土人采之，穴地数十丈，始见其苗，乃白石，谓之朱砂床，砂生石上，大如鸡子，小者如石榴子，状若芙蓉头、箭镞，连床者紫黯若铁色，而光明莹彻，碎之崭岩作墙壁，又似云母片可析者，真辰砂也，无石者弥佳，过此皆淘土石中得之，非生于石床者。宜砂次之，阶砂又次之。丹砂绝好者为光明砂，其次为颗块，其次为鹿䕸，其下为末砂（寇宗奭云）辰州砂出蛮峒锦州界狤獠者，穿井，其井深广数十丈，先聚薪于井中焚之，其青石壁迸裂处，即有小龛，龛中有白石床，其石如玉，床上乃生砂，小者如箭镞，大者如芙蓉，其光明可鉴，研之鲜红润。邕州所出形如箭镞者，不若得于土中，非此比也（陈承云）宜州、商州亦有一种砂，色微黄，作土气，陕西、河东、河北、泛东、泛西出者，并可用，今安南州出者，亦可代银朱入漆。信州一种，亦有大者，光芒墙壁略类宜州所产，然有砒气，破之多作生砒色，若入药用，足大者杀人，今浙中市者往往货之，不可不审（李时珍云）丹砂以辰、锦者为最，麻阳即古锦州地也，佳者为箭镞砂，结不实者为肺砂，细碎者为末砂，色紫不染纸者为旧坑砂，为上品，色鲜染纸者为新坑砂，次之。苏颂、陈承所谓阶、金、商州砂者，乃陶弘景所谓武都雄黄，非砂也（唐大成桂海志云）本草以辰砂为上，宜砂次之，然宜州出砂处，与湖北大牙山相连，北为辰砂，南为宜砂，地脉不殊，无甚分别，老者亦出白石床上，苏颂乃云宜砂出土石间，非石床所生，是未识此也。别有一种色红质嫩者，名土坑砂，乃土石间者，不甚耐火，邕州亦有砂，只可水飞成粉，苏颂云融州亦有砂，今融州无砂，乃邕州之讹也（臞仙庚辛玉册云）丹砂以五溪山峒产者，得天地之气为上，麻阳诸山与五溪相接者次之，云南、波斯、西胡砂并皆可用，柳州产全似辰砂，惟块圆如皂角子，不入药。商州、黔州、宣信州砂内含毒质，及有银、铜、铅、锡者，皆不堪。（明朱丹砂要诀云）丹砂者万灵之主，居之南方，或赤龙以建号，或朱鸟以为名上品生於辰锦州石穴，中品生於交桂，下品生於衡邵，名有数种，清浊异体真伪不同。辰锦上品砂生於白石床上，十二枚为一座，色如未开莲花，光明耀日。亦有九枚为一座，七枚、五枚者次之，每座有大者为主，四围小者为臣，朝护四面。杂砂亦出石中，中有芙蓉头成颗者亦入上品，又有如马牙光明者为上品，白光如云母者为中品。又有紫灵砂，圆长如笋而红紫者为上品，石片棱角生青光者为上品。交桂所出，但是座上及打石得之，形似芙蓉，头面光明亦入上品，颗粒通明者为中品，片段不明彻者为下品。衡邵所出，虽是紫砂，得之砂石中者亦下品也。有溪砂生溪州砂石之中，土砂生土穴之中，土石相杂，故不入上品（李时珍本草纲目注解）……[illegible]当时自李时珍本草纲目，察之近世产朱砂处只有湖南辰州、贵州铜仁，他处产者今绝无闻矣。或是採取已尽，抑亦雌黄雄黄之类耶。

☆ 西洋红可和入印泥：Helio Red toner RC powder. "Rundschr. VD 3064" 此种洋红係德国制造，可入油类，不溶於水，西人用以调造颜色及印刷所需。名贵彩画品红色颜料，能历久不退色，能不及中国朱砂、朱膘之久。至於西洋红色颜料中，以此为最佳，最能经久之品也（德孚洋行经理）。中国颜料中以朱砂为最耐久，次之朱膘（旋市售之）。朱砂质坚，不易研细，故多嫌其太红，且无鲜艳之色，朱膘质虽细而嫌太黄，皆无鲜艳夺目之色。制造印泥採用朱砂朱膘须以此种洋红加入，则相得益彰，故不可不用也。 又有一种洋红 Permanent Non-bleeding Dark Red RL-211-D 粉，係美国恒信洋行经售，价每磅美金八元，其粉亦能溶解於油，不溶於水，其色比德国制者更艳丽。德孚红与研细朱砂朱膘比重（以寸圆四分高）德孚红 023，朱砂 237 朱膘 182

		[illegible] 002	[illegible] 100		
1931.2.24 24次					次日4号以蓖油或松油，如新油仍用2号
(缺10次) 35	研细200目 230	德孚红 10	" 蜡2号 100	✓	
36	" 240	" 5	" 90	✓	颜色太好
37	辰州 280	" 10	" 蜡4号 100	✓	颜色与35#相同，泥状甚细，字盖亦宜，印于纸上似觉太厚。

年 1931	月	日	次数	硃	朱	红粉	油	艾	效果
1931	6	27	38		漳州 190	德 5	晒4号 66	2	印泥泥状极细黏柔，比前更细，印於纸上觉厚有余
			2	140		5	66	2	
1932	2	27	39		大兴 560	20	4号 200	8	分量不准确不合样 将换58号不准确。
			~~40~~		~~560~~	~~20~~	~~220~~		此方分量与#38相同，油稍减去，所觉太厚
			40		560	20	220	9	分量不准[illegible]不合样。此方与前相同无所区别，惟艾绒稍加001，油剂亦加020 似稍厚些
	2	28	41		大兴 700	20	200	8	分量不准[illegible]不合样
	〃	〃	42		大兴 500	10	200	10	〃 〃 此方艾绒太多，泥状亦粗，印於纸上甚厚且准。
			43		400	洋红 5	化学剂 2号蜡 160		研过二十小时[illegible]同样[illegible]（油不佳[illegible]用[illegible]可[illegible]）艾不佳：如[illegible]一层，此方[illegible]朱膘印泥[illegible]。今用[illegible]油剂[illegible]印细柔矣。以上所配印於纸上厚而且匀，但泥状不细，殊不雅观，尚可[illegible]也，泥状不细想是砂料太缺艾绒太多，砂料多则印於纸上不能厚匀，艾绒多则泥状不能细柔。印油中加蜡[illegible]，4号[illegible]印在纸上似有[illegible]之弊，2号[illegible]在泥状似觉不柔软，或厚而且匀细，而以柔推细研砂料，然[illegible]艾绒，配准蜡[illegible]，[illegible]油剂油不[illegible]
			44		石百20小时 大兴 250	3	80	新倍日本艾 4	化学法自制土产草[illegible]油，加软性白蜡3号
			45		300	1	2号 70	4	此方如友人所抄之丁种方，砂为艾缺，泥状尚细，印之太厚，殊不合用。
	10	[illegible]	46	大件朱字 300		蜡2号	西国九年伏 晒草油 50	细棉 4	碳酸印泥，此量最为准确
			47		研细 450	[illegible] 10	2号 120	8	

年	月	日	號	硃	膠	红粉	油	艾	效果
1935	3	6	48		石细 400	桂 15	化 130	7	红粉分量似太轻，印文太淡，油似欠足
1935	5	6	49		石细1号 400 100 g	法 10 / 桂 10 5 g	150 8	7.5	油＝号6加蜡（化制）N1号用蜡2号。色泽美丽，艾绒当可减去0.5更觉细腻。四九二号油用新油蜡4号。此号与#45方制，加红略多，色极美丽，但红粉细极，故泥状亦细腻可爱。油量150似觉太多，如用新油120已足，制时先用无蜡油6成轻为佳，极易研
	5	17	50			桂 120	陈油蜡2号 220	棉净漂 10	全西洋红印泥制法。此方制法色美丽可喜，但嫌棉太中细棉且[illegible]绒线。若用佛蓝洋绿与此相同。
	12	14	51		円子石研细 大片摩罗细大头 桂张 300	石研细上号 800	法 30	陈10年蜡2号 360	外号净最上 21	此方系#46硃砂与#45硃膘方混合而成，以硃膘为$\frac{2}{3}$，硃砂为$\frac{1}{3}$，专为鲁厂印泥之用。硃砂（膘）细者久不变其色，且有金光夺目。惟久愈鲜，硃膘细细腻入微，使印文不失其神。故二号配合相得益彰，不但法红不过调色而已
1936	4	22	52	玫瑰 200	细C 400	法 5	陈加蜡 140	9	试制硃砂硃膘和合印泥
1937	11	24			洋蓝 20	美国房4号 200	120	2	试制石青印泥

鲁厂印泥配合中係用砂膘#49号和合，其后发现桂红粉系1/5红之硫状（而二号已用半年）故市况用52号，其中纯无桂红故无此患矣。

1940 1 10 试用油酸 Acid Oleic purified，法国出品，係一种植物油脾#油精出者之纯净油酸性，极稀，无黏性，试制印泥二次，结不细腻，此然为制印泥增加稀黏性油质始可合用，且待续之研究

1940 7 25 雄黄（细粉另合脂黄与最佳之市5硃膘比重是砷膘19，雄黄10之比）20 法皮1.0 艾 0.6 油 7.0 其余与#49相同

| 1941 | 11 | 9 | 53 | 100 | 300 | 法红(皮) 0.4 | 120 | 7.5 | 极好色稍黄 |

年	月	日	次数	砂	膘	红粉	油	艾	说明
194[illegible]	8 [illegible]	12 [illegible]	2 53	450		RB 10	100	7.5	旧制砂膘和合印泥。大约膘三砂一，因制法不佳，用硷碱搓洗去油质，滤尽艾绒，重行制造。32年1月12日试制未试[illegible]不经[illegible]之后[illegible]色质？因[illegible]碱性未尽故也

1966年3月6日抄毕。此稿误入在武汉[illegible]。在杨家厂一家粗方，比之正稿本更有价值。在正稿本上今和量点写：砂100，油18，艾0.15，艾砂猛搓混合，少油拌至半干状，然后再油加足。砂自55g，在量杯中占10cc，研细后占20cc，系细过能增加体积，盖空隙之故也。拌时轻拌，以免艾绒纤维拌碎。蜂蜡即黄腊，碘化值8-11g，白蜡即白腊，碘化值1-2g。[illegible]白蜡用以溶在水中能[illegible]状，[illegible]下[illegible]之。研砂研细，以砂放入钵，加水三[illegible]，可制伪膘1/20（此膘可用温水去之）细研毕：轻易得拨水，使水澄清，加水加膘再研，这样最后的[illegible]，不用[illegible]。膘不可多加，因得力太大，粗气粒。研好后用净水冲洗六七次。如有铁质可用氢氯酸洗除之。大约每斤朱砂手研要200小时。[illegible]每40g砂膘用1g红粉

年	月	日	次数	朱砂	朱膘	红粉	油	艾	效果
1930	5	1	1	330			24.12 80	1.212 4	此方极好，唯觉朱砂太少
			2		260		26.92 70	1.539 4	〃 〃
			3	520			23.08 120	1.538 8	砂太轻，状粗不美观 膘油10 1.923
			4	660			18.18 120	1.212 8	结合差 觉油太轻 砂太厚 〃 1.515 [illegible]
			5	200			35.00 70	2.00 4	[illegible]
			6	150			40 60	2.666 4	不佳，砂太轻 艾太重 油甚合宜
			7	330			34.28 120	1.714 6	尚佳 印色低 砂太厚 油太重 [illegible]
			8	400			30.00 120	1.5 6	〃 砂油稍多
	5	7	9		180	44.44 80	50.00 90	2.222 4	[illegible]
			10		260	28.84 75	38.88 100	1.538 4	不[illegible]
	5	20	11		220		[illegible] 80	[illegible] 4	膘太多 可减20
			12		10/16		6/16	0.27/16	[illegible]
	6	8	13		330		100	4	[illegible]
	7	13	14		130		23.08 30	2.50 3	[illegible]
			15		130		38.46 50	2.50 3	[illegible]
			16		200		50 100	2.00 4	[illegible]
			18		300		30 90	1.333 4	17号膘油 17号油 油300 [illegible] 0.1
			19	330			24.24 80	1.212 4	17号膘油
			20		330		27.27 90	1.212 4	[illegible] 唯觉太厚 17号膘油
			21		130 膘200		90	4	17号膘油
	10	9	35		230	4.348 10	43.48 100	1.704 4	[illegible]2号油
			36		240	2.083 5	36.66 90	1.666 4	[illegible] 颜色甚好
			37		250	3.571 10	35.71 100	1.428 4	[illegible]
			38		190	2.632 5	34.73 66	1.053 2	[illegible]
			39		560	20	200	8	分量不准确
			40		560	20	220	9	[illegible] 分量不准确
			41		200	20	200	8	分量不准确

年	月	日	号						备注
						2g	40g	2g	
1932	2	28	42		500	10	200	10	[illegible]不[illegible]。艾太多，泥[illegible] 4g[illegible]
						1.25	40g	2	
1932	3	21	43		400	5	160	8	[illegible]，泥不[illegible]艾[illegible]，但[illegible]不[illegible] 2g[illegible] 油脂[illegible]
						1.2	32	1.6	
	3	22	44		250	3	80	4	中3g脂
						0.333	23.3	1.33	
	10	22	45		300	1	70	4	不[illegible]用中2g脂
							17g	1.33g	[illegible] 2g 脂油60[illegible] [illegible] 20g
	10	[illegible]	46	300			50	4	2g脂。[illegible]印泥[illegible] 民九年[illegible]
						2.22	26.66	1.777	
1933	2	15	47		450	10	120	8	泥[illegible]细 中1g脂
						3.75	32.25	1.875	
1935	3	6	48		400	15	130	7	油[illegible]
						5.00	27.5	1.875	油用[illegible]油4g脂、制时[illegible]用无脂油6[illegible]
〃	5	6	49(1)		400	10	150	7.5	[illegible]，泥[illegible]细，[illegible]，120[illegible] 3g
							183.33	8.33	
	5	19	50			120	220	10	[illegible]，[illegible]印泥 2g
						2.72	32.72	1.9	
	12	14	51	300	800	30	360	21	[illegible]方 用[illegible]印泥 2g
						0.833	23.33	1.5	
1936	4	22	52	200	400	5	140	9	[illegible] #51 [illegible]，[illegible]方，无红[illegible]
						1.00	30	1.875	
1941	4	9	53	100	300	4	120	7.5	[illegible]
						2.22	22.2	1.[illegible]	
		2		450		10	100	[illegible]	
			49(2)		400	朱10 艾10	用新油脂4% 120	7	
			1.4两			2钱		2.5	友人仿来 [illegible]印泥
			1.8两			1.5钱		2.5	〃 甲[illegible] 〃
			[illegible]					2.5	〃 乙[illegible] 〃
			大 1.8两 中 1.4两					2.5	〃 丙[illegible] 〃
			大 0.6两 中 1.4两					3.5	〃 丁[illegible] 〃
			100				18	1.5	[illegible]
							18.18	1.212	
			66				12	0.8	“[illegible]印泥[illegible]”[illegible] 66[illegible]=52[illegible]
							23.077	1.557	
				52			12	0.8	〃

[illegible]
四八方 1[illegible]
朱[illegible] 40克
油 10克
红[illegible] 1克
艾 0.7克

[illegible]
[illegible] 52[illegible]
[illegible] 45克
红[illegible] 5克
艾 1.8克
[illegible] 0.4克 艾

新[illegible]油 加[illegible]脂 5g
[illegible]油（[illegible]）〃 〃 2g — [illegible]用2g

艾[illegible] 4[illegible] 0.4 = 4[illegible]
〃 8 〃 0.8 = 8[illegible]

[illegible]印泥分析
艾 1.7g
油 36.9g
[illegible] 61.4g

[illegible]

往事如烟亦难忘

鲁庵印泥

鲁庵印泥

往事如烟亦难忘
——写在父亲遗作出版后（代后记）

这本父亲撰写的《鲁庵印泥制作技艺》及其后附录的张鲁庵先生印泥试制录，历经多年，在各方人士的关心努力下，终于出版发行，值得欣慰。

早在20世纪80年代末90年代初，父亲曾应邀在上海书画出版社、上海辞书出版社、湖南教育出版社出版的有关书籍和辞典上撰写了介绍篆刻器具常识的文章和词条，内容涵盖印泥、印材、文房四宝、刻刀、印钮等，其中最为重要的是印泥的内容。限于当时的大环境，人们对鲁庵印泥这块埋藏在民间深处的瑰宝认知甚少。父亲手工制作的少量鲁庵印泥，尚可满足父亲朋友圈内书画家的需求。随着改革开放的春风吹起，原来仅仅在小众书画家内使用的鲁庵印泥，有了新的要求。提出索要的数量也越来越多。有些书画家根据自己的使用习惯和爱好对印泥有色彩、软硬等个性的要求，有的则要修复搁置多年的陈旧的印泥，有的来访者要求父亲能多做一些以满足海外朋友的需要。父亲自己都没有想到鲁庵先生传授的印泥制作技艺能有如此灿烂的春天。这样的繁荣兴旺也正是鲁庵先生生前期待的。

我们让时光回到20世纪50年代中期，张鲁庵先生任“中国金石篆刻研究社”秘书长，父亲有幸任鲁庵先生的助理。（注：“中国金石篆刻研究社”系西泠印社停止活动后当时国内仅剩的印社，聚集国内几乎所有篆刻大家。详见本书附录二《张鲁庵与“中国金石篆刻研究社”》。）父亲从鲁庵先生处不仅学得“秦汉”真谛，还接过鲁庵印泥制作的衣钵。那时父亲正值壮年，原本可以在当时的“中国金石篆刻研究社”好好发展驰骋、追踪秦汉一番，但是他却在1961年被“误捕错判”，由此中断了与鲁庵先生师徒般的联系。令父亲遗憾的是，这种不辞而别的分离对恩师是多么不尊，对父亲自己又是多么残酷。父亲连向鲁庵先生解释一句的机会也没有。直至1965年，父亲重回上海，再去余姚路欲探望昔日的恩师，无奈已人去楼空，鲁庵先生驾鹤西去矣。父亲在之后数十年严酷的环境中，对这样一段历史始终三缄其口，对这样的结局虽然只能默默接受，却耿耿于心，无法释怀。父亲只能在众多的文章和场合上表达对鲁庵先生的缅怀感恩之情。1998年父亲出版了他的《骥良印存》，他在此印谱的后记中说：

> 鲁庵先生是收藏历代印谱的大家，一生都对篆刻艺术的发展不遗余力，与福庵先生等人创办了“中国金石篆刻研究社”，是继杭州西泠印社后规模最大的全国性的篆刻研究组织。我有幸任他的助理，长时间尽观其所藏，整个秦汉印梗概，刻存心头。鲁庵说：取秦汉印之精致者二三印而刻苦参悟，必有博大收获，真是一语破的而给我终生难忘。他的研制印泥，名满印坛。教我理艾、制油、洗砂、配方，成为我永恒对他的纪念。

父亲在追随鲁庵先生的日子里，也使我们这些孩子们耳濡目染，不知不觉学习父亲研制印泥的开始。我家当时住在三层楼房，三楼的正房是父母的卧室，三楼的厢房一隔为二，朝南的大间正对着马路，是父亲的书房，也是父亲挥毫习书、举刀刻印、钤拓印章、研制印泥的工作室。朝北的小间则是我和二弟海贤的卧室。我们半夜起床上厕所，要走过父亲的书房。那时父亲往往还在伏案工作，那盏铜制的台灯发出柔和的灯光，伴着父亲瘦削的身影晃动，时不时发出刻刀划开石章的爆裂声，伴着图章拍打印泥的有节奏的响声和父亲轻微的咳嗽声……毋庸置疑，父亲深深地热爱着篆刻艺术，并深深地陷在这艺术的海洋之中。父亲在这儿没有功利之心，或许他从来没有想走什么捷径，他的艺术就是这样在不经意里修成正果的。

父亲的那张带锁的像钢琴一样的红木写字台靠窗临街，清晨，一抹阳光会落满整个写字台，也落在父亲工作的背影上。写字台上放着笔、墨、纸、砚、刻刀、印泥、镇纸、石材、印谱、辞典等，显得有些凌乱。一张老式的柚木转椅是父亲的工作座椅，偶尔也是孩子们玩转的玩物。写字台左侧的窗外，是窄窄的阳台。透过阳台隔花的铸铁围栏可以瞥见街上来往的车辆和行人。父亲有时会静静地长久地伫立在窗侧，若有所思。有时转过转椅，点起香烟，凝视窗外，那他一定在思索他碰到的问题。如果适逢下雨，雨点打在窗玻璃上，发出悦耳的沙沙的声响，那肯定会激发父亲的灵感！父亲有时会取下搁置在书橱顶上的小提琴，拉奏起动听的托塞里《小夜曲》，琴声会一直传到楼下客厅——那一定是父亲有了新的艺术收获。

对着写字台的墙边，是一张红木大供桌（这张桌子曾经是我们小孩子打乒乓球的台子），上面铺着薄薄的羊毛毡，放满了拓印谱用的各种纸张，有空白的，也有钤拓来玩的，分门别类。钱君匋先生主编的《豫堂藏印甲、乙集》，收录赵之谦、吴昌硕二人用印，计二百四十余方印，七十余部；《黄牧甫印谱》（图60）计一百一十余方，十部；《鲁迅先生笔名印谱》计一百六十余方，五百余部……总计数十万页，都是父亲用自制鲁庵印泥钤印，全部用手工，在这儿，在这张红木供桌上完

图 60

成的，可谓前无古人。

闲来无事，我们有时也会拿起那些名人的印章，偷偷地在纸上打印，想看看其中有多少乐趣和奥秘。时间长了，弟弟们居然也能像模像样地印拓出明晰的边款来。唯有我，手笨脑不灵，不及几个弟弟。父亲见我们有兴趣，也在一边看我们的操作，还会不时地教授我们其中的诀窍。当然他会要求我们先用他自己刻的印章操练。这些技能，在“文化大革命”末期曾经带给我家很大的帮助。那时，贫困的生活教会我们几个儿子，拓一份边款的活儿，可以挣几分钱，可以贴补家用。所以我这几个弟弟的钤拓技艺都得到父亲的真传，手艺不凡。那些距今六十余年的印谱，现在打开来欣赏，印迹依然十分清晰传神，色泽依然艳丽如新，凸显鲁庵印泥的特点。也是在这张桌上，父亲练就了符氏特色的隶书，留下了很丰富的隶书书法作品。

父亲有个小小的化学实验室在三楼亭子间，那儿是父亲存放制作印泥原料的地方。几十瓶形态、颜色、大小不一的朱砂，几十瓶不同年份的油料，还有不同产地、不同色标的颜料，满满地放在试剂柜内。化学试验室常备的量杯、量筒、烧杯、天平砝码、酒精灯、碾钵等，应有尽有。那个地方的门常锁，我们不能随意进去，所以对我们来说有点儿神秘。不过“文化大革命”开始，父亲的命运，连同我们全家的命运陷入难以言语的“深渊”。幸运的是，部分朱砂、蓖麻油和艾绒得以保存，这些幸存的原料成为父亲日后研究鲁庵印泥、发展鲁庵印泥的重要支柱，也成为鲁庵印泥制作理论的重要依据。父亲利用这些宝贵的原料在“文化大革命”十年中，在改革开放的几十年里，默默地耕耘在这片颇为偏僻寂寞的领域中。

我家三楼晒台上，只要天气晴好，总能看到一盆盆洁白的瓷盆、一瓶瓶形态各异的玻璃瓶整齐地摆放在晒台水泥护栏上——那是父亲晾晒的蓖麻油。晶莹剔透的蓖麻油在阳光下仿佛有了生命，它们在向父亲倾诉、向父亲感恩，感恩他几十年如一日的呵护照看。一包包的艾绒却在晒台角落的阴头里铺开，上面盖好砂布——它们娇贵，不能晒太阳。夏天我们偶尔上晒台，想在祖母晒酱瓜的酱缸附近抓几个金龟子，也要十分小心，怕碰砸了这些父亲视为宝贝的瓶瓶罐罐。有时候天气突然转雨，我们会帮着父亲把晒的油一瓶瓶、一盆盆地端回屋内，把晾的艾绒收拾进屋。我们那时是小学生，对父亲年复一年、不厌其烦、每天每日地把油晒了又晒的举动，不明就里。

经几百天阳光照射的蓖麻油终成正果，被父亲贴上标签。而享受阴晾的艾绒也被父亲小心翼翼地分拣整理，把其中的杂质挑出，短纤维、长纤维分门别类装进玻璃瓶封好，以待备用。

20世纪60年代，“大饥荒”的影响逼近上海，家家都为吃饭问题发愁，我家在晒台上也养了七八只母鸡，指望鸡生蛋来改善生活。父亲只得把瓶瓶罐罐移到临街的狭小的阳台上晒油。“文化大革命”开始后，我家房屋“紧缩”，一家人从三楼搬到一楼，挤在客厅生活，晒台、阳台都没了，父亲又不得不在天井内晒油晾艾，当然那个小小的化学实验室随着主人命运的不济也消失了。不过，饥饿和批斗都没能令父亲中断他喜爱的工作，父亲对艺术的热爱、对真理的追求没有中断，20世纪70年代,“文化大革命”躁动稍有安息,他又开始了刻章制泥的研究。

大家都知道不同种类的油剂掺入不同种类和数量的蜡，在印泥中的效果不一样。为了进一步量化细分其不同的效果，父亲嘱我帮助他做这方面的工作。那是20世纪70年代的事，我已从崇明农场“上调”回城，并且几年后有幸成为一名“工程师”，担任某单位中心实验室负责人，有工作上的便利。我依照父亲指定的几十种配比，设定不同的蜡油熔溶温度，调制出几十种油剂来，供父亲选择使用，大大提高了父亲的工作效率和精准度。当时我的中心试验室在逸仙路的张华浜，每天往返市区的公交车要三个小时，并且十分拥挤。我怀揣着盛油的玻璃瓶挤公交车，需要十分小心。每次回家，当我从包里取出油瓶和试验记录交给父亲，并且和父亲解释试验情况时，父亲的专注和凝神的目光至今还留在我的记忆里。

最大的难处是研磨朱砂。我们小时候都有帮父亲在研钵里碾磨朱砂的经历，这种枯燥乏味的活儿对我们好动的天性是很大的挑战。几十个小时、几百个小时，手握秤杆，在小小的白研钵中单调地旋转碾压，还难以达到合适的粗细。朱砂的晶体十分漂亮，在不同角度光线的照射下会折射出令人陶醉的绚丽的光彩，如红宝石一般，我很不忍心看它被碾碎。朱砂从大的晶体慢慢被碾碎成小晶体，光线折射、反射也越来越弱，逐步失去它的妍丽。随着朱砂愈碾愈细，颜色愈深，终于达到所要的细度。人工研磨朱砂的劳累和低效无法满足朋友们对印泥的需求，也促使我们要想法改进。我利用实验室的直流无级变速电动搅拌机，软性连接上研杆，成功地实现在研钵里研朱砂的“自动化”。后来，三弟兆贤从厂里的废品仓库里弄来废弃的球磨机，加以修理改装，终于成功地在球磨机上研磨出符合要求的朱砂，这为之后的“东艺堂”印泥的批量生产提供了保证。但是，从球磨机上下线的朱砂粗细不匀，还得经过筛分、挑选、手工研磨，直至完成。

那时还在“文化大革命”期间，我家连吃饭睡觉的基本场所也不具备，更没有地方可供制作印泥。我们只得在小小的天井中，用母亲工厂内废弃的铁条，用我实验室内多余的水泥和试块，搭建了一个占地约5平方米的油毡小棚——就是在这个夏热冬冷的小棚里，父亲断断续续地做出了为人赞赏的“符制鲁庵印泥”，满足了父亲许多朋友的需求，这也多多少少修复了父亲一些精神创伤，带给他少许快乐。

在天井小棚里制出的“鲁庵印泥”，曾用在钱君匋先生嘱父亲钤拓的五百部《鲁迅印谱》上，那已经是1978年的事了。因为工程巨大，时间紧迫，父亲嘱二弟海贤、三弟兆贤、四弟炎贤帮忙拓边款。那时父亲尚未“落实政策”，因此为了钟爱的艺术，父亲可谓冒着极大的风险，并在要求的时间里，完成了这项工作，二弟、三弟和四弟也在这段时间里掌握了拓印的技能。其间父亲也试图教我们钤印，但是我们钤出的印记无论如何也达不到父亲的要求，这种失败使我们对印泥的质量有了很多感性和理性的认识。即使是供我们拓的边款，父亲也是经过慎重挑选，选择易于显露的供我们钤拓。父亲根据我们的手势习惯，为我们定制了棕刷、拓包，挑选了合适的纸张，规定了磨墨的稀稠，调节好灯光的角度……方方面面的细节考虑得十分周全。

20世纪80年代初，父亲终于“落实了政策”，被安排工作，有一份在当时可谓不错的工资收入，父亲可以理直气壮地搞他喜爱的金石篆刻了。于是在1986年前后，父亲与上海旅游服务公司、上海长宁美术工厂合作，成立“东艺堂”，专门生产印泥。父亲携四弟炎贤同在“东艺堂”工作，四弟专司配料、打浆和成品。四弟在“东艺堂”耳濡目染，得父亲很多教诲真传。父亲希望借此机会，扩大鲁庵印泥的影响，专门为“东艺堂”编写了印泥的生产工艺流程，编写了质量要求和控制方法，还专门为产品设计了包装，可谓呕心沥血。父亲还特地为“东艺堂”的员工培训上课，寄希望于年轻的一代。在两年多的时间里，“东艺堂”先后生产了红云印泥、如意印泥、吉祥印泥等，产品多有出口，还生产了少量的朱砂印泥。“东艺堂”印泥的成功，曾博得当时众多艺术家的青睐。可惜由于种种原因，“东艺堂”在运作两年后仍然关张。

父亲1961年被“误捕错判”，1965年释放回家，而后又经历了十年动荡，到1980年落实政策重新安排工作，历经二十个年头。在这人生黄金时段里，父亲一方面承受着人身政治上管制和生活上贫困的煎熬，另一方面却得到了时间用来研究和改良鲁庵印泥，自成一体，最终制作了一部分印泥供篆刻家、书画家使用，为相当一部分爱好者修复了常人难以修复的旧印泥。当时家中的生活来源压在体弱多病的母亲身上，母亲不仅要承担家中经济上的压力，同时也要同父亲共同分担来自政治上的压力。略通文化的母亲，虽然无法在那个年代预知现在艺术的春天的到来，但是她那时隐约明白和相信父亲从事的艺术工作是有意义的。我们可以从父亲整理抄录鲁庵先生试制印泥的手稿中看到母亲的笔迹。原来鲁庵先生在1930年至1941间，对印泥的配方、制作工艺进行了系统的分析和试验，留下了丰富的记录稿。保险起见，父亲又抄录了一份，母亲也帮忙抄录。

那时没有复印技术，全凭手工抄写。那份抄录的手稿上留下母亲的笔迹，也留下我们孩儿们的稚嫩的手迹。父亲生前多次提到要“和盘托出”自己的心得，还包括整理的鲁庵先生试验记录。我们后辈饯行父亲的嘱咐，本书影印的《鲁庵印泥试制录》即是如此。真切希望鲁庵印泥的神秘面纱揭开后，能为世人所用。

2008 年，上海市静安区通过上海市文化局向国家申报“上海鲁庵印泥”（手工制作技艺）的非物质文化遗产。经过反复比对考证、录音录像，国家文化部批准父亲为“上海鲁庵印泥”（手工制作技艺）代表性传承人。父亲因此于 2009 年赴京参加由国务院 15 个部委举办的中华人民共和国非物质文化遗产展示会，其间获得众多领导鼓励，此事对父亲鼓舞极大。应有关方面的要求，父亲从 2010 年开始，重新整理撰写有关手工制作印泥的文稿，到 2011 年基本完稿，耗时一年多。我一直帮父亲做文稿上的工作，也得以第一时间全面地读到文稿，并有条件询问父亲大量自己不明白、不理解的地方。完稿后，父亲身体日渐虚弱，数次住进医院。有一回出院回家后，他把原稿交给了我，对我说，不知何时能出版。没有想到父亲在三个月后去世，出版这本书也成了他的遗愿。

父亲的书稿沉甸甸的，我捧在手中，怎么也放不下。

父亲去世后，没有公开登讣告，我们小辈疏于通告，在医院的景唐老不得知，依旧托人来信，希望父亲能为其“自用印存”增补印蜕边款。得知我父亲去世的消息，他十分悲伤，特在其编成的印谱中收录了富华老、蔡耕老合写的《符骥良小传》，以资纪念。我也因此把它收入本书中。

在父亲的文稿中夹着一张便签，上面写着文章内的照片是由世兄高寿耆制作。

值此父亲遗著出版，衷心感谢父亲的朋友、我的前辈们，感谢为鲁庵印泥的发展传承做出贡献的各位朋友，感谢出版社领导、编辑。付梓之前，又得西泠印社陈振濂先生赐序，在此一并致谢。希望同道中人可以从本书中得到帮助启发——这是父亲的遗愿。

符中贤

2023 年 6 月

图书在版编目(CIP)数据

中国印泥 ：鲁庵印泥手作技艺 / 符骥良著 ；符中贤整理. -- 上海 ：上海书画出版社，2023.6
ISBN 978-7-5479-3145-5
Ⅰ. ①中… Ⅱ. ①符… ②符… Ⅲ. ①印泥－手工艺－生产工艺 Ⅳ. ①TS951.2
中国国家版本馆CIP数据核字(2023)第115760号

中国印泥：鲁庵印泥手作技艺

符骥良 著　符中贤 整理

责任编辑　袁　媛
责任校对　倪　凡
审　　读　曹瑞锋
技术编辑　包赛明
装帧设计　陈绿竞

出版发行　上海世纪出版集团
　　　　　上海书画出版社
地址　上海市闵行区号景路159弄A座4楼
邮政编码　201101
网址　www.shshuhua.com
E-mail　shcpph@163.com
印刷　上海文艺大一印刷有限公司
经销　各地新华书店
开本　890×1240　1/32
印张　6
版次　2023年7月第1版　2023年7月第1次印刷

书号　ISBN 978-7-5479-3145-5
定价　58.00元

若有印刷、装订质量问题，请与承印厂联系